青藏高寒牧区
草场草原毛虫生物防控研究

王海贞　著

东北林业大学出版社
Northeast Forestry University Press
·哈尔滨·

图书在版编目(CIP)数据

青藏高寒牧区草场草原毛虫生物防控研究 / 王海贞
著. —哈尔滨:东北林业大学出版社,2021.10
　　ISBN 978-7-5674-2604-7

　　Ⅰ.①青…　Ⅱ.①王…　Ⅲ.①青藏高原－寒冷地区－
草原－害虫－生物防治－研究－玉树藏族自治州　Ⅳ.
①S433

中国版本图书馆 CIP 数据核字(2021)第 207240 号

责任编辑:彭　宇
封面设计:马静静
出版发行:东北林业大学出版社
　　　　　(哈尔滨市香坊区哈平六道街 6 号　邮编:150040)
印　　装:三河市德贤弘印务有限公司
规　　格:170 mm×240 mm　16 开
印　　张:13.75
字　　数:218 千字
版　　次:2022 年 4 月第 1 版
印　　次:2022 年 4 月第 1 次印刷
定　　价:76.00 元

前　言

　　青藏高寒牧区草场的高寒草甸是青藏高原地区面积最大的生态系统,是国家生态安全屏障,也是牧民农牧业赖以生存的自然资源。据报道,青藏高寒牧区草场的草原毛虫(Gynaephora)属害虫,危害严重,虫害暴发时每平方米可高达几百上千条,往往牧草刚返青就被啃食一光。在草原毛虫危害严重的年份,采用化学农药大面积捕杀成为主要方法,但这种方法严重破坏了青藏高寒牧区的生态平衡,加剧了农药残留污染。通过对青藏高寒牧区草场草原毛虫的发生情况进行基础调查发现,研究草原毛虫的生物防控,是实现绿色、环保、无公害、可持续控制草原毛虫虫害的有效途径,对保护青藏高寒牧区草甸生态环境、促进高寒牧区农牧业健康有序发展具有重要意义。

　　本书对位于念青唐古拉山脉北麓附近的青海省玉树州高寒牧区草场草原毛虫的分布、生境、植被、土壤生态因子等进行了基础调查。调查结果发现,玉树州高寒牧区草场草原毛虫整体呈聚集型分布,集中分布在嘉塘草原、隆宝草原和治多草原海拔 4 200 m 以上的高寒草甸,最大虫口密度可达 200.6 头/m²,30%的调查样地达到重度、极重度危害等级;2015～2019 年,草原毛虫种群总体呈逐年波动趋势;草原毛虫种群密度与植被总盖度之间存在极显著的负相关关系($P<0.01$),随着草原毛虫种群密度的增加,植被总盖度总体呈逐渐减少的趋势;草原毛虫种群密度与土壤生态因子之间的相关性均不显著($P>0.05$)。

　　作者在青海省玉树州高寒牧区草场采集获得了一批草原毛虫蛹期的寄生蜂,经中国林业科学研究院森林生态环境与保护研究所杨忠岐教授鉴定,这批寄生蜂均为金小蜂科的一个新种,并被命名为三江源草原毛虫金小蜂(Pteromalus sanjiangyuanicus)。采集获得了一批草原毛虫蛹期的寄生蜂,经中山大学有害生物控制与资源利用国家重点实验室张古忍教授鉴定,这批寄生蜂均为寄蝇科鬃堤寄蝇属草毒蛾鬃堤寄蝇(Chaetogena gynaephorae)。遗传距离分析与系统发育 N-J 树聚类结果表明,三江源草原毛虫金小蜂与金小蜂科昆虫聚为一类,草毒蛾鬃堤寄蝇与寄蝇科(*Chetogena*)属昆虫聚为一类。三江源草原毛虫金小蜂的自然寄生率在 9.2%~25.0%,极显著高于草毒蛾鬃堤寄蝇(自然寄生率在 0.7%~4.4%,$P<0.01$)。连续 3 年,三江源草原毛虫金小蜂自然寄生率与下一年的草原毛虫种群密度之间具有显著($P<0.05$)的负相关关系,表明三江源草原毛虫金小蜂对草原毛虫种群增长具有明显的抑制效应,是草原毛虫蛹期的优势寄生天敌,适合大规模扩繁并运用于草原毛虫的生物防控。

三江源草原毛虫金小蜂对寄主昆虫草原毛虫蛹具有选择性寄生特性,且草原毛虫的分布具有聚集性特征。因此,作者创造性地提出就地取材利用高寒牧区草场高密度分布的草原毛虫蛹作为寄主昆虫规模化扩繁三江源草原毛虫金小蜂的思路,通过采集及筛选饱满、完整的草原毛虫蛹,投放于在草场设计营造的适宜三江源草原毛虫金小蜂寄生、发育和扩繁的"小气候",例如具有通风透气、保湿保暖特征的、叠放的薄石块,以及移植的独一味植株,用于扩繁的人工岛以及人工繁育巢等,通过这些"小气候"开展对三江源草原毛虫扩繁、羽化出蜂以及对草原毛虫的生物防控试验。扩繁试验结果显示,扩繁人工岛和人工繁育巢均能有效提高三江源草原毛虫金小蜂的扩繁效果,且扩繁出的三江源草原毛虫金小蜂平均寄生率显著($P<0.05$)或极显著($P<0.01$),高于对照区。其中,具有透气、遮光、防风特征的人工繁育巢 B 对三江源草原毛虫金小蜂的扩繁效果最佳,可使三江源草原毛虫金小蜂平均寄生率达到 70.3%(约为对照区平均寄生率的 3 倍)。三江源草原毛虫金小蜂在两种"小气候"(薄石块与独一味植株)下的羽化出蜂情况调查结果显示,移植独一味植株营造的"小气候"下的三江源草原毛虫金小蜂出蜂量和羽化出蜂率极显著($P<0.01$),高于叠放薄石块"小气候"下的三江源草原毛虫金小蜂出蜂量和羽化出蜂率。表明独一味植株"小气候"更适宜三江源草原毛虫金小蜂发育及羽化,可作为草原毛虫生物防控中采集及筛选的草原毛虫蛹的投释小环境。生物防治试验结果显示,在生物防控试验区Ⅰ,3 个调查样地(A,B,C)的三江源草原毛虫金小蜂寄生率增长率分别为 69.6%、49.3%和 70.4%,草原毛虫虫口减退率分别为 71.1%、59.3%和 76.4%,草原毛虫最终的生物防控效果分别达到 80.9%、69.9%和 80.3%。在生物防控试验区Ⅱ,3 个调查样地(D,E,F)的虫口减退率分别达到 80.3%、90.2%和 83.2%,生物防控效果分别达到 86.9%、

80.2%和 87.6%。扩繁及生物防治试验结果总体表明,就地取材在高寒牧区草场利用高密度分布的草原毛虫蛹作为寄主昆虫,通过营造适宜三江源草原毛虫金小蜂寄生生息的"小气候",可大幅度提高三江源草原毛虫金小蜂的寄生率及羽化出蜂率,可以达到全天候、规模化地扩繁三江源草原毛虫金小蜂的生物防控目的。将扩繁的三江源草原毛虫金小蜂定点投放到经预测的草原毛虫虫害发生地,是实现对草原毛虫可持续生物防控的有效方法,对保护青藏高寒牧区草甸生态系统具有重要的意义。

为了探索三江源草原毛虫金小蜂对寄主草原毛虫蛹寄生分子机制,本书采用高通量测序技术,对寄生与未寄生的草原毛虫雄性蛹基因表达谱数据信息进行了分析。本次测序共有 371 260 704 条数据信息被组装成 118 144 个基因。基因功能注释统计结果显示,至少一个数据库中获得注释的基因为 23 660 条,占基因总数量的 20.03%,但仍有 94 484 条基因未获得任何注释,占基因总数量的 79.97%,表明在草原毛虫中仍有大量的基因资源有待进一步研究和挖掘。差异表达基因(DEGs)分析结果显示,在寄生和未寄生的草原毛虫雄性蛹中共获得 12 322 条 DEGs,其中免疫相关的 DEGs 为 57 条。在 57 条免疫相关 DEGs 中,51 条 DEGs 下调表达,占所有免疫相关 DEGs 的 89.5%,表明三江源草原毛虫金小蜂寄生行为可降低草原毛虫雄性蛹免疫相关基因的表达水平,推测可能对草原毛虫雄性蛹的免疫反应具有抑制效应。

在本书的撰写过程中,作者不仅参阅、引用了很多国内外相关文献资料,而且得到了同事、亲朋的鼎力相助,在此一并表示衷心的感谢。由于作者水平有限,书中疏漏之处在所难免,恳请同行、专家以及广大读者批评指正。

作 者

2021 年 4 月

目　录

第1章 绪 论

1.1 青藏高寒牧区自然概况

青藏高原位于中国的西南部,平均海拔在 4 000 m 以上,占中国土地面积的 25%,包括西藏自治区、青海省南部以及甘肃省、四川省和云南省的部分地区,号称"世界屋脊"(方洪宾等,2009)。青藏高寒牧区是青藏高原的主体,是我国最大、最重要的集水区,涵养着我国的五大水系(黄河、长江、澜沧江、怒江、雅鲁藏布江均发源于此),是我国重要的国家生态安全屏障(范小建,2011)。青藏高寒牧区草场作为世界上最大的草地生态系统之一,是牧区畜牧业发展的重要生产资源,对于保护生物多样性、调节气候、涵养水分、保持水土等方面具有重要的生态作用和价值。青藏高寒牧区自然生态环境极其脆弱,在全球气候变暖的影响下,雪线逐年上升,冰川逐渐消失,草地不断退化,自然灾害与极端天气频繁发生。因此,保护青藏高寒牧区天然草地资源,改善草地生态环境,不仅关系青藏高原农牧民的生存与发展,更关系国家的生态安全(范小建,2011)。青藏高寒牧区为典型的高原大陆性气候,属青藏高原气候系统,总体表现为气温低、太阳辐射强、温湿降水布局不均匀以及干湿季分明等特征(李金垒,2017)。青藏高寒牧区作为气候变化敏感区,较其他地区气候状况改变更快,幅度更大,对高寒草甸害虫的繁殖、发育、分布、迁移和适应等生态学特征产生影响,尤其是气候变暖能够增加害虫的繁殖数量,从而使害虫发生时间延长,危害程度加重,受灾面积扩大(张润杰和何新凤,1997;罗举等,2013)。

1.2　青藏高寒牧区草场生态环境现状

　　青藏高寒牧区的高寒草甸是世界上最大的放牧生态系统和草甸系统之一,具有极其重要的生态服务功能和社会经济价值(贺有龙等,2008)。由于气候变迁以及虫害频繁暴发等因素的影响,致使天然牧草退化严重,草原生态功能下降。据报道,2012年青藏高寒牧区已有$5.7×10^6$ hm^{2}的草地中度及重度退化,占可利用草地面积的55.4%,其中重度退化面积为$1.8×10^6$ hm^2,占退化草地面积的32.1%(王斌等,2012)。西藏那曲地区为主的藏北草原退化更为严重,退化草地面积达$1.4×10^7$ hm^2,约占当地草地总面积的49%,并且目前每年仍以3%～5%的速度在退化(范小建,2011)。由于高寒、干旱、缺氧的气候条件,青藏高原生态系统的抵抗能力极为脆弱,自我调节和修复能力差,高寒草甸生态系统失衡后很难得到恢复(付伟等,2012;范小建,2011)。因此,国家高度重视青藏高原尤其是三江源地区的草场生态环境保护,并制定了一系列的建设规划,明确要建设好青藏高原的草原生态屏障。2005年国家启动了《青海三江源自然保护区生态保护和建设总体规划》,2009年又启动了《西藏生态安全屏障保护与建设规划(2008～2030年)》。

1.3　草原毛虫研究现状

　　草原毛虫又名红头黑毛虫,隶属于昆虫纲(Insect)鳞翅目(Lepidoptera)毒蛾科(Lymantriidae)草原毛虫属(*Gynaephora*),全世界共有15个种(表1-1)。其中,亚洲13个种,欧洲3个种,北美1个种,北极2个种,主要分布在北半球的高山以及北极的冻土地带,尤以高原高海拔(3 000 m以上)地区居多(Levin et al.,2003;张棋麟和袁明龙,2013;Yuan et al.,2016;Zhang et al.,2017)。在我国分布的草原毛虫共有8个种,全部为青藏高原特有种。周尧和印象初(1979)对分布在我国的青海草原毛虫(*Gynaephora qinghaiensis*)、金黄草原毛虫(*Gynaephora aureata*)、若尔盖草原毛虫（*Gynaephora rouergensis*）和小草原毛虫（*Gynaephora minora*）4 个草原毛虫属新种进行了报道（马利青，2013）。刘振魁等（1994）在青海省曲麻莱、门源、久治等地发现了 3 个草原毛虫新种，分别为曲麻莱草原毛虫（*Gynaephora qumalaiensis*）、门源草原毛虫（*Gynaephora menyuanensis*）和久治草原毛虫（*Gynaephora jiuzhiensis*）（严林，2006；张棋麟，2014）。

表 1-1　全球草原毛虫的种类及分布（张棋麟和袁明龙，2013）

种类	分布区域
罗斯草原毛虫（*Gynaephora rossii*）	北美、格陵兰岛和日本北海道
大雪山罗斯草原毛虫（*Gynaephora rossii daisetsuzana*）	日本北海道
北极罗斯草原毛虫亚种（*Gynaephora rossii relictus*）	贝加尔湖、北美大部和欧洲北部
白斑草原毛虫（*Gynaephora selenitica*）	北欧和中欧大部
格陵兰草原毛虫（*Gynaephora groenlandica*）	格陵兰岛和加拿大北极群岛
鲁津草原毛虫（*Gynaephora lugens*）	北欧、俄罗斯北部和阿富汗兴都库什山
灰色草原毛虫（*Gynaephora sincera*）	帕米尔高原以西
青海草原毛虫（*Gynaephora qinghaiensis*）	青海玉树、治多，甘肃玛曲和四川石渠
黄斑草原毛虫（*Gynaephora alpherakii*）	青海西宁、西藏阿穆多和甘肃
金黄草原毛虫 *Gynaephora aureata*）	青海泽库和甘肃玛曲
小草原毛虫（*Gynaephora minora*）	四川若尔盖
若尔盖草原毛虫（*Gynaephora rouergensis*）	四川若尔盖
曲麻莱草原毛虫（*Gynaephora qumalaiensis*）	青海曲麻莱和治多
门源草原毛虫（*Gynaephora menyuanensis*）	青海门源、甘肃民乐和夏河
久治草原毛虫（*Gynaephora jiuzhiensis*）	青海久治

1.3.1 草原毛虫生物学特征

草原毛虫的卵散生,表面光滑,乳白色,接近孵化时颜色逐渐变成灰色;圆饼状,上端中央凹陷,具花环状受精孔,呈浅褐色(图 1-1A)(马少军,2010;王兰英,2012)。幼虫体表呈黑色,被覆灰黑色的毛,头部膨大,呈红色或深红色,背中线两侧具 8 排毛瘤,毛瘤上丛生黄褐色长毛,在背部中线靠近尾部的位置有两个黄色或火红色的腺体(图 1-1B)(马利青,2013)。蛹雌雄异型,雌蛹纺锤形,长 9.1~14.2 mm,宽 4.4~7.2 mm,全身深黑色,外表皮较薄且光滑,背部具稀疏的灰黑色短毛;雄蛹椭圆形,较雌性瘦小,长 7.3~9.8 mm,宽 3.6~5.2 mm,全身黄褐色,外表皮坚硬,背部密生细毛,腹部末端尖细。雌雄蛹体均被茧包住,茧由老熟幼虫吐丝和脱落的毛组成,外观似一粒羊粪(图 1-1C)(王兰英,2012)。草原毛虫成虫雌雄异型,雄蛾体长 6.8~9.1 mm,体毛黄黑色,触角发达,复眼卵圆形,口器退化,前后翅发达。雌蛾纺锤形,体长 8.1~14.2 mm,体表污黄色,柔软,有多圈横褶隆起,且被黄色绒毛。头部较小,黑褐色,复眼和口器退化,腹部肥大,末端黑色。前后翅和足均退化,不能行走和飞行,仅能用身体蠕动(图 1-1D)(王兰英,2012)。

1.3.2 草原毛虫生活史、习性、危害及成灾情况

草原毛虫属完全变态发育类昆虫,一个完整的世代由卵、幼虫、蛹和成虫 4 个阶段组成,且一年发生一代(张棋麟和袁明龙,2013)。虫龄划分为雄虫 6 龄,雌虫 7 龄。1~2 龄幼虫越冬后,翌年 4 月下旬至 5 月上旬开始活动。5 月下旬至 6 月上旬为 3 龄幼虫盛期。幼虫第 2 个龄期长达 6~7 个月,其余龄期一般为 15~20 d。7 月上旬雄性幼虫开始结茧化蛹,7 月下旬雌性开始结茧化蛹,一直持续到 10 月初才结束(严林,2006;王兰英,2012;仁青才旦,2013;毛玉花等,2016;白海涛和徐成体;2018)。8 月上、中旬为化蛹盛期,8 月初成虫开始羽化、交配和产卵。9 月初,卵开始孵化,9 月底至 10 月中旬为孵化盛期(王兰英,2012)。幼虫 5 龄后进入暴食期,常数百条聚集一处蚕食草地上的牧草。在一天中,上午 9~11 时、下午 16~18 时为草原毛虫的取食高峰期,随着虫龄增长,逐渐延长取食时间,扩大活动范围。

图 1-1 草原毛虫 4 个发育阶段虫态

A 卵;B 幼虫;C 蛹;D 成虫

草原毛虫的灾害具有分布密度高、发生面积大、危害程度严重的特点。据报道,西藏那曲地区聂荣县连续 5 年(1998~2002 年)草原毛虫的成灾面积都在 2.0×10^5 hm^2 以上,其中 2001 年达到了 5.9×10^5 hm^2,平均虫口密度 200~500 头/m^2,一些地区的虫口密度甚至达到 1 000 头/m^2(杨爱莲,2002;范小建,2011);来自青海省的草原毛虫调查资料显示,2003 年,青海省草原毛虫的发生面积达 1.0×10^6 hm^2(何孝德和王薇娟,2003;张棋麟,2014);2009 年,青海省海北州草原毛虫危害面积共计 1.0×10^5 hm^2,严重危害面积 6.7×10^4 hm^2(史国菊和古汉忠,2010);2016 年,青海省黄南州草原毛虫发生面积约 1.4×10^5 hm^2,危害面积约 1.0×10^5 hm^2,虫口密度约 128.5 头/m^2(马青山,2018)。在草原毛虫灾害暴发的高寒牧区,经常是牧草刚返青就被啃食一光,危害期长达半年之久,草场植被被严重破坏,加剧了草场退化及草地沙化的进程,曾经水草丰美的辽阔草场逐渐变成黄沙肆虐的"无人区"。草原毛虫不仅破坏草地植被,而且能引发牲畜口膜炎和口腔溃疡疾病,影响牲畜健康和草地畜牧业发展。2008年6月,青海省西宁市海晏县甘子河乡部分冬春草场暴发草原毛虫灾害,由于没有及时防治,导致2009年3~4月40多户牧民饲养的马、牦牛、藏羊等牲畜发生不同类型的口膜炎,发病率达到100%(尼玛等,2011)。在草原毛虫危害严重的年份,使用化学农药大面积捕杀成为主要方法,这不仅破坏了生态平衡,加剧了农药残留污染,而且严重破坏了三江源生态安全屏障。因此,深入研究青藏高寒牧区草原毛虫的发生、消长规律以及利用草原毛虫的寄生天敌进行生物防控,是实现绿色、环保、无公害、可持续控制草原毛虫虫害的有效途径,对保护青藏高寒牧区草甸生态环境,促进高寒牧区农牧业健康有序发展具有重要意义(图1-2)。

图1-2　草原毛虫虫灾暴发危害现场(Zhang 等,2017)

1.3.3　草原毛虫防控研究现状

1.3.3.1　草原毛虫灾害预测预报

虫害的预测预报是虫害治理工作的基础。只有预测虫害的发生发展趋势,才能制定出合理的治理方案。草原毛虫的迁移能力有限,具有区域性和聚集性分布特征,在进行灾害的预测预报时,通常不考虑其迁入和迁出因素,主要对本地虫源的信息数据(个体数量、性别比例、种群密度、死亡率、气候指标和死亡因素等)进行采集(张棋麟和袁明龙,2013),并根据上一年的基础信息数据,对翌年草原毛虫的种群数量进行预测(沈南英等,1983)。害虫的预测预报工作是一项持续性、系统性的工程,在实施的过程中需要加强定位观测,减少监测盲区,不断改进测报手段,以获取连续、有效的观测数据,准确掌握虫害消长规律和发生趋势(侯秀敏和徐秀霞,2006;张棋麟和袁明龙,2013)。随着无人机和遥感技术的应用,研究人员可大范围地采集害虫的基础数据,避免监测盲区的产生;同时也可以根据遥感图像特征及时发现虫灾暴发的前兆,并采取应对措施,从而有效抑制虫害的发生(扈冰宏和邓廷彬,2016)。

1.3.3.2　草原毛虫防控研究现状

草原毛虫危害具有周期性、聚集性和毒性的特点(张勤文等,2011)。自 20 世纪 60 年代以来,我国虫害防控领域的专家学者一直致力于草原毛虫灾害防控研究与应用工作。目前,在草原毛虫灾害防控中应用的有效方法主要有物理防控、化学防控和生物防控。

(1)物理防控

物理防控是在草原毛虫的蛹期,组织大量的人力捡拾位于石头、牛粪及草根下的虫茧,进行集中掩埋或焚烧。这一举措可直接减少草原毛虫的种群数量,对降低草原毛虫的发生和危害有明显效果(韦兰亭,2016)。但物理防控需耗费大量的人力,且无法从根本上抑制草原毛虫种群数量的增长,因此在草原毛虫防控中应用较少。

(2)化学防控

化学防控是利用化学农药或植物源农药杀灭害虫的方法。化学农药主要包括敌百虫、敌杀死、辛硫磷、杀灭灵等(王朝华,2000;任程,2003;杨帆,2005;陈永尧和张合生,2008;张棋麟和袁明龙,2013)。植物源农药主要包括苦参碱(余慧芩等,2016)、类产碱(热杰等,2010)、植物精油(严林,2009)等。化学农药或植物源农药的过度使用会导致害虫产生抗药性,致使农药杀虫效果减弱。同时,化学农药或植物源农药还会杀死高寒草甸中的其他昆虫以及害虫天敌,破坏了高寒牧区草场原有的生态平衡(张棋麟和袁明龙,2013)。化学农药也容易残留在牲畜体内,并通过生物链对人类健康构成威胁。

（3）生物防控

生物防控主要是利用某些生物或生物代谢产物去防治害虫,其特点是对人畜安全,避免环境污染,而且不少害虫天敌对一些害虫的发生有长期抑制作用,能够达到"一劳永逸"的效果(蒲蛰龙,1978;古德祥和冯双,2012)。蒲蛰龙院士是中国生物防控的先驱者之一,被称为"南中国生物防治之父"。蒲蛰龙院士在"以虫治虫"方面做出了卓越的贡献,为害虫生物防控学科的逐步完善和进一步发展奠定了基础,为害虫生物防控技术大面积推广与应用积累了宝贵的经验(古德祥和冯双,2012)。20世纪50年代初,蒲蛰龙院士同他的研究团队率先开展了赤眼蜂(*Trichogrammatid*)防治甘蔗螟虫的研究,首次成功地利用蓖麻蚕卵繁育赤眼蜂,并于1958年在广东省顺德建立了赤眼蜂繁育站,通过培训和推广应用,广东、广西、福建等地应用赤眼蜂防控甘蔗螟虫的面积不断扩大,为我国用赤眼蜂防控害虫开创了新局面(蒲蛰龙,1976,1984;古德祥和冯双,2012)。1962年,蒲蛰龙院士对荔枝蝽象(*Tessaratoma papillosa*)、平腹小蜂(*Anastatus* sp.)的生物学、生态学以及平腹小蜂室内繁育技术进行了研究(蒲蛰龙等,1962)。1966～1967年,中国科学院中南昆虫研究所(现为广东省昆虫研究所)与从化县农业局、增城县果蜂办公室联合进行利用平腹小蜂防控荔枝蝽象的大田表证示范,取得显著的防控效果,并于1970年在广东省多个荔枝产区得到推广与示范,均取得显著成效(古德祥和冯双,2012)。1955年,蒲蛰龙院士等从苏联引进澳洲瓢虫(*Rodolia cardinalis*)和孟氏隐唇瓢虫(*Cryptolaemus montrouzieri*)至华南农学院,经人工繁育后,在广东、福建和四川等省散放,用来防治柑橘、木麻黄上的吹绵蚧壳虫(*Icerya purchasi*)以及石栗树上的各种粉蚧(*Pseudococcus*),控制住了这些害虫的危害(蒲蛰龙等,1959;古德祥和冯双,2012)。

害虫的天敌是一种用之不竭的自然资源,在利用过程中采取就地取材、因地制宜、土法上马、综合利用等方法,可逐步降低生产成本,减少环境污染。因此,利用害虫进行生物防控在我国已经成为一种安全、高效、经济的防治措施(古德祥和冯双,2012)。草原毛虫的天敌类群主要有鸟类、鼠类、病原微生物、寄生性昆虫等。鸟类、西藏鼠和长尾仓鼠等天敌以草原毛虫的幼虫和蛹为食,对草原毛虫种群数量有一定的抑制作用(魏学红,2004)。印象初和李德浩(1966)对玉树地区草原害虫鸟类天敌进行了初步调查,发现角百灵(*Eremophila alpestris*)、大杜鹃(*Cuculus* canorus)、戴胜(*Upupa epops*)、褐翅雪雀(*Montifringilla adamsi*)、褐背拟地鸦(*Pseudopodoces humilis*)等鸟类主要取食草原毛虫。目前,从罹病死亡的草原毛虫中分离出的病原微生物共有 10 种,主要包括苏云金芽孢杆菌(*Bacillus thuringiensis*)、短稳杆菌(*Empedobacter brevis*)、核型多角体病毒(*Nuclear polyhedrosis viruses*)、类产碱假单胞菌(*Pseudomonas pseudoalcaligene*)、短杆菌(*Brevibacterium* sp.)、蜡状芽孢杆菌(*Bacillus cereus*)、金黄色葡萄球菌(*Staphylococcus aureus*)、沙门氏菌(*Salmonella* spp.)、微球菌(*Micrococcus* sp.)和链球菌(*Streptococcus* sp.)等(刁治民,1996;张棋麟和袁明龙,2013;赵磊等,2017)。赵磊等(2017)应用短稳杆菌悬浮液对草原毛虫进行了防控试验,结果表明,施药 14 d 后,对草原毛虫的最大防控效率可达到 95.46%。此外,自青海草原毛虫核型多角体病毒(*Gynaephora qinghaiensis* Nuclear Polyhedrosis Virus,GqNPV)从罹病死亡的草原毛虫体内分离出后,以此为基础开发出了草原毛虫病毒杀虫剂(杨志荣等,1990,1991;刘世贵等,1993)。与此同时,也有研究者提出"综合性利用生物防控"策略,利用其发现的草原毛虫病毒与病原细菌相结合或病原细菌与抗生素相结合,研制出更高级的复合型生物制剂,在草原毛虫生物防控中均取得了良好的效果。杨志荣等(1995)将草原毛虫核型多角体病毒与苏云金芽孢杆菌混合,再添加一些辅助成分研制成一种复合型 V·B 草原毛虫生物制剂。阿维菌素和瑞香狼毒素分别与苏云金芽孢杆菌混合成 2.0%的阿维·苏云菌和 1.2%的瑞·苏微乳剂。病原微生物制剂以易培养、致病力强等特点已被开发成为商品制剂应用于草原毛虫的生物防控中,但病原微生物制剂同样会杀死高寒牧区草场生态环境中的其他有益昆虫,同时病原微生物杀虫效果易受环境影响,杀虫效果不稳定(张小霞等,2010)。

寄生性天敌昆虫的种类繁多,共有 5 个目,98 个科,其中以膜翅目和双翅目最为重要(蒲蛰龙,1978)。目前,已经报道的草原毛虫寄生性昆虫共有 7 种(表 1-2),其中优势种是草原毛虫金小蜂和多刺孔寄蝇,前者主要寄生于青海草原毛虫,后者主要寄生于门源草原毛虫(严林,1994)。在利用寄生性天敌防控草原毛虫的实践中,毛玉花等(2016)利用周氏啮小蜂(*Chouioia cunea*)对草原毛虫进行生物防控试验,结果表明此方法操作简单,效果好,对害虫的抑制具有延续性。目前,寄生性天敌昆虫对草原毛虫的生物防控研究仍停留在天敌种类和寄生率的调查阶段,尽管初步明确了草原毛虫的寄生性天敌种类及寄生行为特征,但在实际生产中采用寄生性天敌防治草原毛虫的案例仍鲜见报道。

表 1-2　草原毛虫天敌昆虫的种类及分布

物种	寄主	分布
草原毛虫金小蜂 *Pteromalus quinghaiensis*	曲麻莱草原毛虫 *Gynaephora qumalaiensis*	青海玉树、称多、曲麻莱
草毒蛾鬃堤寄蝇 *Chaetogena gynaephorae*	青海草原毛虫 *Gynaephora qinghaiensis*	青海玉树
草原毛虫姬小蜂 *Symiesis quinghaiensis*	黄斑草原毛虫 *Gynaephora alpherakii* 青海草原毛虫 *Gynaephora qinghaiensis*	青海玉树
毛虫孔寄蝇 *Spoggosia* spp.	门源草原毛虫 *Gynaephora menyuanensis*	青海门源和祁连
多刺孔寄蝇 *Spoggosia echinura*	黄斑草原毛虫 *Gynaephora alpherakii* 门源草原毛虫 *Gynaephora menyuanensis*	青海门源和祁连
古毒蛾追寄蝇 *Exorista larvarum*	门源草原毛虫 *Gynaephora menyuanensis* 黄斑草原毛虫 *Gynaephora alpherakii*	青海门源、内蒙古和新疆
姬蜂 *Ichneumonidae* spp.	门源草原毛虫 *Gynaephora menyuanensis*	青海门源

注:表中部分数据引自参考文献(严林,1994;张棋麟和袁明龙,2013),并经整理后列出。

1.4　金小蜂研究现状

金小蜂科(Pteromalide)是昆虫纲膜翅目小蜂总科中的大科之一,种类繁多,形态多样,分布广泛。据 Noyes(1978)统计,该科包含有效属587 属,有效种 3 463 种。国外及我国学者已正式报道的中国金小蜂科有 70 多个属,250 多个种(黄大卫和肖晖,2005)。在金小蜂科中,黑青小蜂(*Dibrachys cavus*)、蝶蛹金小蜂(*Pteromalus puparum*)、桃蠹棍角金小蜂(*Rhaphitelus maculates*)、负泥虫金小蜂(*Trichomalopsis shirakii*)、黑软蚧长盾金小蜂(*Anysis saissetiae*)、松毛虫宽缘金小蜂(*Pachyneuron nawai*)、桃蠹四斑金小蜂(*Cheiropachus quadrum*)、松毛虫无颊金小蜂(*Amblymerus tabatae*)和米象金小蜂(*Lariophagus distinguendus*)等都是重要的寄生蜂,其中学者研究最多的是黑青小蜂和蝶蛹金小蜂(蒲蛰龙,1977;包建中和古德祥,1998)。寄生于草原毛虫蛹内的金小蜂由沈南英等(1980)发现,生长在青藏高原高寒草甸牧区,是草原毛虫生物防控的重要天敌资源之一。

1.4.1　金小蜂生物学特征

金小蜂的主要结构为躯体、触角、足和翅。躯体由头、胸、腹 3 部分组成。头部具头壳,头壳垂直于躯体的纵轴,头顶一般为圆形或椭圆形。口器位于头壳腹下面,触角着生于头壳的前方。触角一般分为 13 节,第 1 节称为柄节,通过触角基和触角窝相连,在触角各节中最长。第 2 节称为梗节,倒梨状,且与柄节末端形成球窝关节,能带动其后诸节转动和折叠。梗节之后的 11 节合称为鞭节。复眼卵形,位于头壳两侧,3 个单眼,中单眼位于头顶前缘中央,2 个后单眼位于中单眼之后两侧,二者呈三角形排列。中躯前胸与头部相连,后胸与并胸腹节结合。胸部背面弓起,前后部略窄于中部,中、后胸各具一对翅,翅的边缘具缘毛,前翅后缘内侧一半光裸,后翅后缘全部具缘毛。翅脉简单,翅室只有前缘室、基室和径室。后躯由腹柄和柄后腹组成。腹柄由第 2 节特化而成,筒状;柄后腹由第 3~9 腹节组成。外生殖器位于柄后腹内(黄大卫和肖晖,2005)。

1.4.2　金小蜂生活史与习性

金小蜂是完全变态昆虫,从卵开始,经幼虫、蛹发育为成虫。不同种的金小蜂生活史差异较大,生活史短的在 10 d 左右,生活史长的为 10 个月以上,一般雌虫比雄虫的发育周期长。金小蜂一年中的世代数与其寄主及生活环境密切相关,有的种类一年有数个世代,有的种类一年只有一个世代。

根据金小蜂的食性,可将其生活方式分为植食性、捕食性和寄生性。许多种类的金小蜂在不同的发育阶段往往有不同的食性,大部分在卵和幼虫阶段以取食寄主昆虫体内营养物质营寄生生活,但在成虫阶段又以取食植物蜜露和分泌物来维持生命。在自然界中,金小蜂绝大多数种类寄生于寄主昆虫的卵、幼虫和蛹内,根据寄生时寄主虫期不同,分为卵寄生、幼虫寄生和蛹寄生;根据寄生时寄主范围不同,分为专一性寄生和广性寄生;根据其在寄主体内或体外产卵,又可分为内寄生和外寄生;另外,一些金小蜂专门寄生那些已被其他寄生蜂寄生的寄主,这种寄生行为称为盗寄生;一些金小蜂寄生在其他寄生蜂上,称为重寄生(罗丽林和李莉,2018)。金小蜂的寄生选择主要受寄主的大小、龄期、表皮的物理因素、运动、信息素、营养状况、免疫反应等因素的影响(Monteith,1956;Tanaka,1999;Nojima et al.,2005;王小艺和杨忠岐,2008;和晓波等,2010;Vosteen et al.,2016;Murali-Baskarana et al.,2018),其中,寄主的免疫反应是影响寄生蜂寄生行为的最主要因素(陈亚锋,2009)。

1.5　寄生蜂在生物防控中的应用现状

利用寄生蜂对害虫进行生物防控是一项科学系统的工程。首先要选择优质的寄生蜂进行扩繁,优质的寄生蜂一般具有以下几点特征:具有较高的寄生率,具有与寄主的发生时期、数量高峰及其生态环境的一致性,易于大量繁殖。其次要选择合适的寄主,用于扩繁寄生蜂的寄主需具备易获得、易饲养且与寄生蜂生态环境一致等特点。在确定寄生蜂与寄主的基础上,需科学探索寄生蜂繁育的环境条件以建立大规模扩繁的技术体系和技术方案。在扩繁技术成熟后,按照预测的害虫暴发时间和暴发数量有计划地生产寄生蜂。初步生产的寄生蜂需要在害虫的生物防控示范区内进行验证,并评估其生物防控效果,确定最佳的生物防控方案。最后,结合配套的控释技术在害虫暴发区进行大面积的推广与应用。多年来,我国科研单位在应用寄生蜂对害虫进行生物防控方面研发出多项实用技术,如赤眼蜂防控甘蔗螟虫(蒲蛰龙,1956;蒲蛰龙和刘志诚,1962;潘雪红和黄诚华,2010)、平腹小蜂防控荔枝蝽象(蒲蛰龙,1992;刘建峰等,1995)、金小蜂(*Nasonia*)防控棉红铃虫(*Pectinophora gossypiella*)(蒲蛰龙,1978)、半闭弯尾姬蜂(*Diadegma semiclausum*)防控小菜蛾(*Plutella xylostella*)(陈宗麒等,2003)、广赤眼蜂(*Trichogramma evanesceus*)防控菜青虫(*Pieris rapae*)(胡小朋,2014)、赤眼蜂防控向日葵螟(*Homeosoman nebulella*)(罗宝君,2015)、蚜茧蜂(*Asaphes vulgaris*)防治烟蚜(*Myzus persicae*)(何晓冰等,2018)等,有效地促进了我国天敌昆虫在害虫生物防控核心技术方面的发展。

　　进入 21 世纪,我国生物防控研究优势单位积极开展科研协作,在全国范围内建立了 6 个跨区域生态康复型绿色控害技术推广与应用示范区,覆盖东北、华北、华中、华南、西南等 16 个省区,建立 100 多个示范基地和示范点,扩繁应用的寄生蜂有 20 多种,包括管氏肿腿蜂(*Scleroderma guani*)、周氏啮小蜂(*Chouioia cunea*)、平腹小蜂(*Anastatus* sp.)、花角蚜小蜂(*Coccobius agumai*)、赤眼蜂(*Trichograma* spp.)、丽蚜小蜂(*Encarsia formosa*)、蝶蛹金小蜂(*Pteromalus puparum*)、半闭弯尾姬蜂(*Diadegma semiclausum*)等(李中新和刘玉升,2013)(表1-3)。生物防控对象多达 30 多种,涵盖玉米、大豆、花生、水稻、蔬菜、甘蔗等农作物害虫以及内蒙古、青藏高原地区的草地害虫。在生物防控示范区内,农药使用量减少 30% 以上,有效地控制了病虫草害的发生,获得了巨大的经济效益、社会效益和生态效益(张礼生等,2014)。

　　害虫的生物防控在国外也有较多的报道。苏联的生物防控研究单位曾有 30 多个,技术人才众多,仪器设备先进,其中从事植保材料生产的生物防控实验室和工厂就多达 1 500 个,生物防控面积曾经一度居于世界之首。土库曼斯坦、乌兹别克斯坦、吉尔吉斯坦、阿塞拜疆、哈萨克斯坦、塔吉克斯坦的生物防控研究在植保研究中所占的比重分别为 64%、62%、30%、8%、7%、1%,主要用于防控夜蛾(Noctuidae)、粉蝶(Pieridae)、玉米螟(*Ostrinia furnacalis*)、草地螟(*Loxostege sticticalis*)、豌豆蛀荚蛾(*Cydia nigricana*)等农业作物和草地害虫(李中新和刘玉升,2003)。粉虱丽蚜小蜂(*Encarsia formosa*)对温室白粉虱的生物防控技术在芬兰得到推广与应用后,全国范围内温室白粉虱的控防面积曾最大达 4.2×10^4 hm²(林乃铨,2010)。美国农业部成立了国家生物防控中心,在 31 个洲设立了 73 个生物防控研究单位,并与其他国家积极开展害虫生物防控的国际化合作(林乃铨,2010)。

表 1-3 国内外研究或利用的寄生蜂及其控制的目标害虫

寄生蜂	目标害虫
赤眼蜂 *Trichograma* spp.	棉铃虫 *Pectinophora gossypiella*、大豆食心虫 *Leguminivora glycinivorella*、玉米螟 *Ostrinia furnacalis*、甘蔗螟虫(*Chilo infuscatellus*、*Chilo sacchariphagus*、*Tetramoera schistaceana*、*Scirpothaga excerptalis*)、油松毛虫 *Dendrolimus labulaefqrmis*、马尾松毛虫 *Dendrolimus punctatus* 等
白蛾周氏啮小蜂 *Chouioia cunea*	美国白蛾 *Hlyphantria cunea*
野蚕黑卵蜂 *Telenomus theophilae*	野桑蚕 *Bombyx mandarina*
半闭弯尾姬蜂 *Diadegma semiclausum*	小菜蛾 *Plutella xylostella*
蝶蛹金小蜂 *Pteromalus puparum*	菜青虫 *Pieris rapae*
桑天牛长尾啮小蜂 *Aprostoetus fukutoi*	桑天牛 *Apriona germari*
平腹小蜂 *Anastatus* sp.	荔枝蝽象 *Tessaratoma papillosa*
矢尖蚧蚜小蜂 *Aphytis yanonensis*	矢尖蚧 *Unaspis yanonensis*
缢管蚜小蜂 *Aphelinus rhopalosiphagus*	红腹缢管蚜 *Rhopalosiphum rufiabdominalis*

续表

寄生蜂	目标害虫
花角蚜小蜂 Coccobius agumai	松突圆蚧 Hemiberlesia pitysophila
螟长距茧蜂 Macrocentrus linearis	玉米螟 Ostrinia furnacalis
斑痣悬茧蜂 Meteorus pulchricornis	舞毒蛾 Lymantria dispar
中华侧沟茧蜂 Microplitis mediator	棉铃虫 Pectinophora gossypiella
川硬皮肿腿蜂 Scleroderma sichuanensis	云斑天牛 Batocera horsfieldi
管氏肿腿蜂 Scleroderma guani	松墨天牛 Monochamus alternatus 青杨天牛 Saperda populnea
暗黑臀沟土蜂 Tiphia sp.	暗黑鳃金龟 Holotrichia parallela
福腮沟土蜂 Tiphia phyllophagae	大黑鳃金龟 Holotrichia oblita
曲姬蜂 Scambus spp.	球果象甲 Pissodes validirostris
稻虱红螯蜂 Haplogonalopus japonicus	稻飞虱 Nilaparvata lugens
稻绿蝽沟卵蜂 Trissolcus basalis	稻绿椿 Nezara Viridula
小腹茧蜂 Microgaster manilae	烟草斜纹夜蛾 Spodoptera litura
丽蚜小蜂 Encarsia formosa	温室白粉虱 T. vaporariorum

1.6 寄生蜂规模化扩繁进展

天敌昆虫的规模化扩繁是害虫生物防控的关键。天敌昆虫的利用主要是以挖掘本地天敌资源为主,还有些是从国外引进优势天敌开展扩繁与推广(张礼生,2014)。经过几十年的努力,全世界范围内在寄生蜂扩繁方面已经取得了丰硕的成果,但仍有制约寄生蜂规模化生产的因素。寄生蜂的规模化生产受当前的室内扩繁模式限制,已经成功开展扩繁的赤眼蜂、平腹小蜂、周氏啮小蜂等扩繁模式,都是在室内直接将寄生蜂接入繁殖载体上(蓖麻蚕卵、甘蔗螟虫卵、米蛾卵、柞蚕卵等),利用这些寄生蜂多胚生殖的特性,大量获得寄生蜂产品(蒲蛰龙等,1956;古德祥和冯双,2012;韩诗畴等,2020)。除此之外的众多寄生蜂,扩繁模式主要是"扩繁植物—接入害虫—接入寄生蜂",需要大量的空间、人力、物力,且因"植物—害虫—益虫"这三级生产模式技术环节过多以及每个技术环节上的限制,导致寄生蜂产品数量有限,生产周期长,成本过高,难以满足生产需求(张礼生,2014)。寄主资源量的限制也是制约寄生蜂大规模生产的因素。自然界中,广性寄生蜂可以利用替代寄主进行大规模体外培育,但是也有一大部分寄生蜂属于专一性寄生蜂,只能寄生一种或几种寄主昆虫,对于这种寄生蜂只能利用自然寄主进行扩繁(史树森等,2009)。虽然专一性寄生蜂在自然寄主中具有高寄生率的特征,但往往由于自然寄主的数量限制而无法规模化生产。室内采用人工饲料或替换寄主扩繁出的天敌昆虫由于营养来源单一,随着世代的增加整个种群的生命力减弱,天敌效能随之下降(刘爱萍等,2018)。此外,用于扩繁的寄生蜂最好能和寄主保持在同一生态环境中,室内扩繁出的寄生蜂由于改变了生存环境,大大降低了其对害虫的生物防控效果(张礼生,2014)。

1.7　高通量基因表达谱技术在昆虫寄生关系研究中的应用

基因表达谱(Gene Expression Profile)是在构建某一特定状态下细胞或组织非偏性 cDNA 文库的基础上,通过定性和定量分析 mRNA 群体组成,描绘该特定细胞或组织在特定状态下所表达的全套基因及其丰度的数据表(杨慧菊和郭华春,2017)。同时,通过对基因表达谱进行生物信息学搜索、查询、比较和分析,从中获取基因转录、基因调控、信号转导通路、核酸和蛋白质结构功能及其相互联系等相关信息(Asmann et al.,2009;胡红柳等,2012;Zhu et al.,2013)。

　　随着高通量测序技术的普遍应用,比较分析寄生前后寄主不同细胞和组织的基因表达水平以及初步预测基因的功能是目前研究寄生关系中寄生物对寄主影响的主要手段。Zhu 等(2015)利用高通量测序技术对蝶蛹金小蜂(*Pteromalus puparum*)寄生 1 h 后的菜青虫(*Pieris rapae*)基因表达谱进行了分析,获得 557 个差异表达基因,其中 21 个免疫相关的差异表达基因可能与寄生有关;Wu 等(2013)测定了二化螟(*Chilo suppressalis*)幼虫寄生前后的脂肪体和血细胞转录组,发现二化螟绒茧蜂寄生引起寄主体内众多基因的差异性表达。这些差异表达基因(Differentially Expressed Gene,DEG)根据 GO 功能分类主要为酶活调节、结合、转录因子调控活性和催化活性相关的基因;Tang 等(2014)利用 Illumina 平台对椰心叶甲啮小蜂(*Tetrastichus brontispae*)寄生前后的水椰八角铁甲(*Octodonta nipae*)进行 RNA-seq,结果发现大部分差异表达基因下调,且寄生对免疫相关基因的表达影响最为显著。随着生物信息学的快速发展,结合强大的电脑分析技术,高通量测序不仅能分析寄生对寄主基因表达的影响,而且还能探索寄生分子机制中起关键作用基因的功能,为后续的基因功能研究和通路分析提供参考依据。粉虱小蜂(*Eretmocerus mundus*)能显著降低烟粉虱(*Bemisia tabaci*)丝氨酸蛋白酶抑制剂基因的表达,从而抑制黑化反应的产生(Mahadav,2008);藏红足侧沟茧蜂(*Microplitis croceipes*)能使寄主烟芽夜蛾(*Heliothis virescens*)幼虫芳基贮藏蛋白的表达水平受到抑制,从而使寄主的生长发育受到延缓(Dong et al.,1996)。

1.8　本书研究的主要内容及意义

　　本书研究对玉树州高寒牧区草场的草原毛虫分布、生境植被以及土壤生态因子进行基础调查,并对草原毛虫蛹期寄生天敌昆虫种类以及寄生天敌昆虫与草原毛虫种群消长关系进行研究,为草原毛虫生物防控中寄生天敌昆虫的选择及其扩繁提供科学的依据;根据草原毛虫及其三江源草原毛虫金小蜂的生物学特性,因地制宜,就地取材,利用青藏高寒牧区草场高密度分布的草原毛虫蛹作为扩繁三江源草原毛虫金小蜂的寄主昆虫,在寄主与天敌共生的原生态环境条件下,通过营造适宜三江源草原毛虫金小蜂生息的"小气候",大幅度提高了三江源草原毛虫金小蜂的寄生率及羽化出蜂率,达到全天候、规模化地扩繁三江源草原毛虫金小蜂的目的。将扩繁的三江源草原毛虫金小蜂定点投放到经预测的草原毛虫虫害发生地,是实现对草原毛虫可持续生物防控的有效方法,对保护青藏高寒牧区草甸生态系统具有重要的意义。基于因美纳(Illumina)测序平台对三江源草原毛虫金小蜂寄生前和寄生后的草原毛虫雄性蛹进行了高通量测序,获得被三江源草原毛虫金小蜂寄生与未寄生的草原毛虫雄性蛹基因表达谱数据信息,通过分析寄生与未寄生的草原毛虫雄性蛹免疫相关的差异表达基因,研究三江源草原毛虫金小蜂寄生行为对寄主草原毛虫免疫反应的影响,为进一步探索草原毛虫寄生机制提供了基础数据。

第2章 青藏高寒牧区草场草原毛虫基本情况调查与分析

草原毛虫主要取食高寒草甸中的莎草科、禾本科、豆科等各类占植被群落优势地位的牧草,尤其喜食莎草科(Cyperaceae)嵩草属(*Kobresia*)植物(万秀莲和张卫国,2006;尼玛卓玛,2015)。在草原毛虫密集区,由于毛虫长期危害致使嵩草属植物的比例明显下降,其他杂草、毒草类植物大量繁衍,从而导致草甸生态系统失衡,进一步加剧草甸退化和草甸生态系统恶化。因此,青藏高寒牧区草原毛虫的防控首先需对草原毛虫的种群密度及其生境进行调查,只有在掌握研究区域草原毛虫种群分布与危害情况的基础上,才能在草原毛虫的防控中做到"有的放矢"。本书研究连续5年(2015~2019年)调查了玉树州高寒牧区的草原毛虫种群密度,并依据草原毛虫危害等级划分标准(于健龙和石红霄,2010),对调查区域内的草原毛虫危害程度进行评估,对草原毛虫种群发展趋势进行分析;在调查草原毛虫生境——草甸植被(总盖度、多样性指数和均匀度指数)和土壤生态因子(土壤温度、pH值、含水量、总盐和电导率)的基础上,对草原毛虫种群密度与植被指数之间以及草原毛虫种群密度与土壤生态因子之间相关性进行分析,研究草原毛虫种群密度对草甸植被的影响及其土壤生态因子对草原毛虫分布的影响。本书研究对草原毛虫种群分布及其生境植被与土壤生态因子展开的基础调查工作可为草原毛虫灾害的预测预报提供科学的基础数据。

2.1 材料与方法

2.1.1 调查区域概况

调查区域涵盖青海省玉树州高寒牧区境内的嘉塘草原、巴塘草原、治多草原、曲麻莱草原和隆宝草原。研究区域中心位置的地理坐标为94°25′38.964″E,34°17′53.052″N。东西跨度约736 km,南北跨度约499 km。

2.1.2　调查样地的布设

作者在玉树州高寒牧区(治多县、杂多县、称多县、曲麻莱县、玉树市)进行了为期5年(2015～2019年)的野外调查,并以国道G214和省道308为主线,在海拔4 188～4 580 m设置了10个调查样地(1♯～10♯),每个调查样地之间的距离均在20 km以上。10个调查样地的地理位置和地理信息如图2-1和表2-1所示,调查样地概貌如图2-2所示。

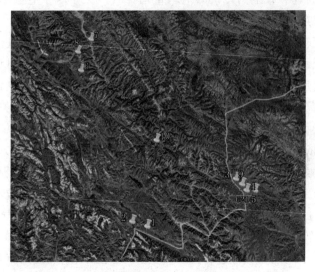

图 2-1　玉树州高寒牧区 10 个调查样地分布

表 2-1　玉树州高寒牧区 10 个调查样地地理信息

样地	地理坐标		海拔高度/m	坡向
	经度	纬度		
1♯	96°44′50.46″E	32°53′26.13″N	4 245	阴坡
2♯	96°37′17.53″E	32°53′31.96″N	4 370	无坡向
3♯	97°20′53.69″E	33°21′18.67″N	4 233	阴坡
4♯	97°27′10.97″E	33°18′1.64″N	4 471	阳坡
5♯	97°31′15.25″E	33°18′55.86″N	4 259	阴坡

续表

样地	地理坐标		海拔高度/m	坡向
	经度	纬度		
6#	95°49′8.84″E	33°47′11.92″N	4 580	阳坡
7#	95°48′31.63″E	34°02′4.32″N	4 188	阴坡
8#	95°44′16.35″E	33°54′46.92″N	4 270	阴坡
9#	97°24′27.01″E	33°19′55.81″N	4 432	无坡向
10#	96°38′24.09″E	33°09′57.06″N	4 218	无坡向

图 2-2　玉树州高寒牧区 10 个调查样地概貌

从左到右、从上到下依次为 1#样地、2#样地、3#样地、4#样地、5#样地、
6#样地、7#样地、8#样地、9#样地、10#样地

2.1.3　野外调查时间与方法

2.1.3.1　调查时间

草原毛虫种群密度调查时间为 2015～2019 年 6 月下旬,草甸植被与土壤生态因子调查时间为 2016 年的 6 月下旬,且与 2016 年的草原毛虫种群密度调查同步进行。

2.1.3.2　调查方法

(1)草原毛虫种群密度调查方法

草原毛虫种群密度调查以 4～5 龄幼虫为研究对象,采用随机抽样的调查方法,在每个调查样地内随机抽取 5 个样方(每个样方的规格为 1 m×1 m),并记录每个样方内草原毛虫幼虫的数量,然后取 5 个样方内草原毛虫幼虫数量的平均值作为该样地草原毛虫的种群密度。

(2)草甸植被调查方法

①植被抽样调查与物种鉴定。

在每个调查样地内随机抽取 5 个样方,每个样方用 1 m×1 m 铁丝框(每个铁丝框用细绳分隔成 25 个小方格)取样(胡志坚,2010;李少松,2016),同时记录每个样方内的植物的种类、数量、盖度和总盖度,并计算物种丰富度指数(Species richness indexes,S)、物种多样性指数(Plant diversity index,D)和均匀度指数(Plant evenness index,E)(郭涛等,2007)。对于野外无法识别的植物物种,需先做标记,并采集该植物标本,装在标本夹内带回实验室,经广东省热带亚热带植物资源重点实验室进行物种分类与鉴定。植物物种的分类与鉴定参考《中国植物志》全文电子版(http://frps.iplant.cn/)和中国自然标本馆(Chinese Field Herbarium,CFH)自然图库(http://www.cfh.ac.cn/Album/Albums.aspx)。

②植被盖度的测定。

植被盖度是指植物地上部分覆盖地面的程度,分为总盖度、层盖度和分盖度。可借助 1 m^2 的正方形采样框(框上用线绳分隔成 25 个小方格)调查植物盖度,想象将植物集中在一些网格内,并根据覆盖面积估算出总盖度和分盖度(李少松,2016)。

③物种多样性计算方法。

A. 物种多样性指数。

物种多样性指数是指群落内种类多样性的程度,用来衡量群落或生态系统的稳定性。物种多样性指数是均匀度和丰富度相结合的函数,根据两个变量赋予的不同权重,物种多样性指数有多种计算方法。本书研究选择 Simpson 指数(D)和 Shannon-Wiener(H)指数来表示植被的物种多样性,它们的表达公式分别为

$$D = 1 - \sum P_i^2 \tag{2-1}$$

$$H = - \sum P_i \ln P_i \tag{2-2}$$

B. 均匀度指数(E)。

$$E = - \frac{\sum\limits_{i=1}^{s} P_i \ln P_i}{\ln S} \tag{2-3}$$

C. 物种丰富度指数(S)。

$$S = \text{样方内出现的物种数} \tag{2-4}$$

以上各式中,P_i 是第 i 个种的个数 N_i 占总个体数 N 的比例,各样地的多样性指数、均匀度指数和丰富度指数以每个样地内 5 个样方统计量的平均值表示。

(3)土壤生态因子调查方法

在每个调查样地内随机抽取 5 个样方(每个样方的规格为 1 m×1 m),利用 Hydra 土壤水分/盐分/温度计(Hydra,上海,中国)测土壤的温度、体积含水量、总盐和电导率,利用土壤酸湿度计(PH-98103,世唯,深圳,中国)测土壤的 pH 值,并将每个样方内测出的数据记录下来。

2.1.4　数据处理

利用 SPSS 22.0 软件分别对 2015～2019 年不同调查样地的草原毛虫种群密度及其 2010 年不同调查样地的植被指数和土壤生态因子等统计量进行单因素方差分析(One-way ANOVA);依据草原毛虫种群密度,对各个调查样地进行聚类分析(K-Mean 聚类法);海拔高度对草原毛虫种群密度的影响采用单因素方差分析;各统计量之间的相关关系采用皮尔森(Pearson)相关分析(Sig. 2-tailed)。

2.2 结果与分析

2.2.1 草原毛虫种群密度调查

2.2.1.1 草原毛虫种群密调查结果与显著性检验

2015～2019 年的调查结果显示（表 2-2），调查区域内草原毛虫种群密度在 1.0～200.6 头/m²。其中，2017 年调查的 5♯样地种群密度最小，为 1.0 头/m²；2015 年调查的 10♯样地种群密度最大，为 200.6 头/m²（图 2-3）。草原毛虫种群密度调查数据见附录Ⅱ。同一个调查样地不同调查年份草原毛虫种群密度方差分析结果显示，2015～2019 年，9♯样地草原毛虫种群密度差异极显著（$P<0.01$），其他 9 个调查样地草原毛虫种群密度差异均不显著（$P>0.05$），表明在一定时期内草原毛虫种群总体上波动较小；同一调查年份不同调查样地草原毛虫种群密度方差分析结果显示，10 个调查样地草原毛虫种群密度差异均极显著（$P<0.01$），表明草原毛虫在玉树州境内的分布情况并不相同，且具有聚集性分布的特点，集中分布在治多草原、嘉塘草原和隆宝草原。

表 2-2　2015～2019 年玉树州高寒牧区 10 个调查样地的
草原毛虫种群密度调查结果

样地	种群密度/(头·m⁻²)				
	2015 年	2016 年	2017 年	2018 年	2019 年
1♯	5.8±1.8	12.8±6.2	3.2±1.5	4.4±1.6	2.2±1.1
2♯	6.6±1.9	13.6±3.6	5.0±2.6	6.2±2.4	4.2±1.2
3♯	15.4±3.0	26.6±7.0	13.4±2.0	16.8±2.2	9.4±2.4
4♯	27.8±7.9	52.2±17.3	78.4±14.9	45.2±18.8	50.2±12.0

续表

样地	种群密度/(头·m^{-2})				
	2015 年	2016 年	2017 年	2018 年	2019 年
5#	5.2±2.5	9.2±6.6	1.0±0.6	5.0±2.1	5.2±2.0
6#	185.6±28.2	150.2±20.6	148.4±32.0	145.4±29.0	106.4±22.0
7#	12.2±3.8	10.6±4.4	3.2±1.1	5.8±1.8	3.2±1.1
8#	11.2±3.6	5.6±2.2	7.6±2.9	2.4±1.0	6.4±1.7
9#	196.2±10.8	180.4±22.3	156.4±15.3	120.6±18.5	90.2±12.4
10#	200.6±36.7	156.2±32.5	196.4±28.7	176.4±26.8	186.6±49.7

注:表中数据为平均值±标准误差。

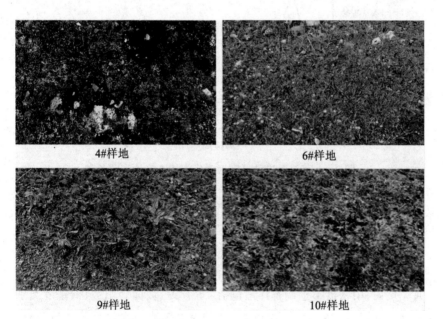

图 2-3　玉树州高寒牧区草原毛虫种群密度实地调查照片
(节选了种群密度较高的 4#、6#、9# 和 10# 样地的调查照片)

2.2.1.2 调查样地海拔高度和坡向对草原毛虫种群密度的影响分析

（1）调查样地海拔高度对草原毛虫种群密度的影响分析

方差分析结果显示，海拔高度对草原毛虫种群密度的影响极显著（$P<0.01$）；草原毛虫种群密度对应海拔高度的变化趋势如图 2-4 所示，海拔在 4 188～4 580 m，随着海拔高度的增加，草原毛虫的种群密度无明显的变化规律，但种群密度较高的调查样地海拔大部分在 4 200 m 以上。

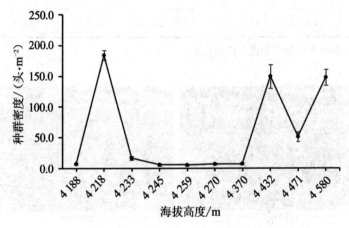

图 2-4　草原毛虫种群密度对应海拔高度的变化趋势

（2）调查样地坡向对草原毛虫种群密度的影响分析

依据草原毛虫的种群密度，对玉树州高寒牧区 10 个调查样地进行聚类分析，共获得 3 个类别，即高密度、中密度和低密度类别（表 2-3）。其中，高密度类别调查样地包括 6♯、9♯ 和 10♯ 样地，坡向分别为阳坡或无坡向；中密度类别调查样地包括 4♯ 样地，坡向为阳坡；低密度类别调查样地包括 1♯、2♯、3♯、5♯、7♯ 和 8♯ 样地，除 2♯ 样地无坡向外，其他样地均为阴坡。在 10 个调查样地中，高密度和中密度调查样地的坡向多为阳坡或无坡向，低密度调查样地的坡向大部分为阴坡，说明草原毛虫主要分布在阳坡或无坡向的高寒草甸，这与草原毛虫幼虫喜好阳光的生活习性有关。

表 2-3　草原毛虫调查样地聚类及坡向信息

类别	调查样地	坡向
高密度	6#	阳坡
	9#	无坡向
	10#	无坡向
中密度	4#	阳坡
低密度	1#	阴坡
	2#	无坡向
	3#	阴坡
	5#	阴坡
	7#	阴坡
	8#	阴坡

2.2.1.3　草原毛虫危害程度等级划分

根据于健龙和石红霄(2010)对高寒草甸草原毛虫危害等级划分标准
(表 2-4),在 10 个调查样地中,重度、极重度危害级调查样地共 3 个(6#、
9#、10#),占调查样地总数量的 30%;轻度危害级调查样地 1 个
(4#),占调查样地总数量的 10%;生态平衡级调查样地 6 个(1#、2#、
3#、5#、7#、8#),占调查样地总数量的 60%(表 2-5)。

表 2-4　高寒草甸草原毛虫危害等级划分标准

级别	名称	种群密度/(头·m^{-2})
1	生态平衡级	0~29
2	轻度危害级	30~79
3	中度危害级	80~129
4	重度、极重度危害级	≥130

表 2-5 草原毛虫调查样地危害等级统计

危害等级	调查样地	占调查样地总数量的概率/%
生态平衡级	1#	60
	2#	
	3#	
	5#	
	7#	
	8#	
轻度危害级	4#	10
重度、极重度危害级	6#	30
	9#	
	10#	

注:调查样地危害等级的划分取决于每个样地最大的种群密度。

2.2.1.4 草原毛虫种群增长趋势分析

2015～2019 年玉树州高寒牧区 10 个调查样地的草原毛虫种群密度增长趋势如图 2-5 所示,除 6#、7# 和 9# 样地外,其他各个样地的草原毛虫种群密度总体呈逐年波动趋势,表明草原毛虫种群增长具有大小年变化规律。

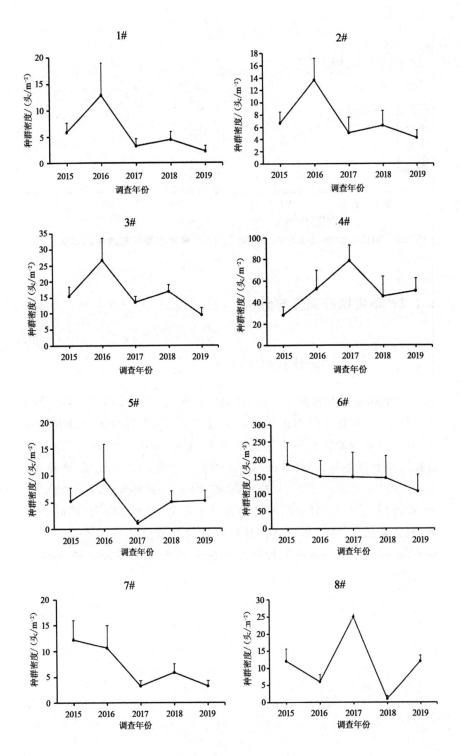

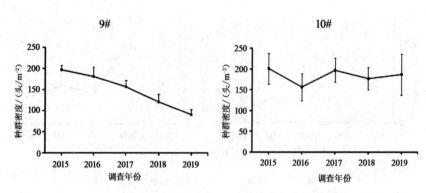

图 2-5　2015～2019 年玉树州高寒牧区 10 个样地的草原毛虫种群增长趋势

2.2.2　草甸植被调查与分析

2.2.2.1　调查样地植被组成分析

10 个样地共有植被 19 科、38 属、72 种(表 2-6),其中,共有种为小蒿草,其次在样地分布最多的种为珠芽蓼。8 个样地大部分有特有种,其中,1♯样地特有种为尖苞风毛菊、细叶西伯利亚蓼,2♯样地特有种为卵叶风毛菊、甘青铁线莲,3♯样地特有种为细裂亚菊、鸦跖花、少花米口袋、美丽马先蒿、双花堇菜,4♯样地特有种为珠峰火绒草、大黄、草甸马先蒿,5♯样地特有种为条裂委陵菜、银光委陵菜、圆叶点地梅、鼠掌老鹳草、马先蒿,7♯样地特有种为节节草,8♯样地特有种为风毛菊、穆坪耳蕨,9♯样地特有种为发草、大萼蓝钟花,6♯和 10♯样地无特有种。

表2-6　10个调查样地植被组成

物种名/拉丁名	科名	属名	1#	2#	3#	4#	5#	6#	7#	8#	9#	10#
长毛风毛菊 Saussurea hieracioides	菊科	风毛菊属	+	+	−	−	−	−	−	−	+	+
尖苞风毛菊 Saussurea subulisquama	菊科	风毛菊属	+	−	−	−	−	−	−	−	−	−
羽裂风毛菊 Saussurea pinnatidentata	菊科	风毛菊属	−	−	−	−	−	−	−	−	+	+
风毛菊 Saussurea japonica	菊科	风毛菊属	−	−	−	−	−	−	−	+	−	−
卵叶风毛菊 Saussurea ovatifolia	菊科	风毛菊属	−	+	−	−	−	−	−	−	−	−
淡黄香青 Anaphalis flavescens	菊科	香青属	+	−	−	−	+	−	−	−	−	+
银叶火绒草 Leontopodium souliei	菊科	火绒草属	+	−	−	−	+	+	+	+	−	+
珠峰火绒草 Leontopodium himalayanum	菊科	火绒草属	−	−	−	+	−	−	−	−	−	−
蒲公英 Taraxacum mongolicum	菊科	蒲公英属	−	−	+	+	−	−	−	−	−	−
细裂亚菊 Ajania przewalskii	菊科	亚菊属	−	−	+	−	−	−	−	−	−	−
大花嵩草 Kobresia macrantha	莎草科	嵩草属	+	+	+	+	+	+	+	+	+	+
小薹草 Carex parva	莎草科	薹草属	+	+	+	+	+	+	−	+	+	+

物种名/拉丁名	科名	属名	调查样地									
			1#	2#	3#	4#	5#	6#	7#	8#	9#	10#
矮生嵩草 Kobresia humilis	莎草科	嵩草属	+	-	-	-	-	-	-	-	-	+
萨嘎薹草 Carex sagaensis	莎草科	薹草属	+	+	-	-	-	-	-	-	-	+
青绿薹草 Carex breviculmis	莎草科	薹草属	-	+	-	-	-	-	+	+	-	+
高原毛茛 Ranunculus tanguticus	毛茛科	毛茛属	+	-	-	-	-	-	-	+	-	-
小花草玉梅 Anemone rivularis	毛茛科	银莲花属	-	+	-	-	-	-	-	-	-	+
高山唐松草 Thalictrum alpinum	毛茛科	唐松草属	+	+	+	-	+	-	-	-	-	-
毛茛状金莲花 Trollius ranunculoides	毛茛科	金莲花属	+	+	+	-	+	-	-	-	-	+
小金莲花 Trollius pumilus	毛茛科	金莲花属	-	+	-	-	-	-	-	+	-	+
矮金莲花 Trollius farreri	毛茛科	金莲花属	-	-	-	+	+	-	-	-	+	-
甘青铁线莲 Clematis tangutica	毛茛科	铁线莲属	-	+	-	-	+	-	-	-	-	-
鸦跖花 Oxygraphis glacialis	毛茛科	鸦跖花属	-	-	+	-	-	+	-	-	+	-
三裂碱毛茛 Halerpestes tricuspis	毛茛科	碱毛茛属	+	+	+	-	+	+	-	+	+	-
珠芽蓼 Polygonum viviparum	蓼科	蓼属	+	+	+	-	+	+	-	+	+	+

续表

物种名/拉丁名	科名	属名	1#	2#	3#	4#	5#	6#	7#	8#	9#	10#
细叶西伯利亚蓼 Polygonum sibiricum var. thomsonii	蓼科	蓼属	+	-	-	-	-	-	-	-	-	-
狭叶圆穗蓼 Polygonum macrophyllum var. stenophyllum	蓼科	蓼属	-	-	-	+	+	+	+	+	+	-
大黄 Rheum officinale	蓼科	大黄属	+	-	-	+	-	-	-	-	-	-
华雀麦 Bromus sinensis	禾本科	雀麦属	+	-	+	-	-	-	-	-	-	-
垂穗披碱草 Elymus nutans	禾本科	披碱草属	+	-	-	-	+	+	+	+	-	+
老芒麦 Elymus sibiricus	禾本科	披碱草属	-	+	-	-	+	+	-	-	+	-
白草 Pennisetum flaccidum	禾本科	狼尾草属	-	+	-	+	+	+	+	+	+	-
发草 Deschampsia caespitosa	禾本科	发草属	-	-	-	-	-	-	-	-	+	-
麻花艽 Gentiana straminea	龙胆科	龙胆属	+	+	-	+	+	+	+	+	+	+
蓝玉簪龙胆 Gentiana veitchiorum	龙胆科	龙胆属	-	+	-	+	+	-	-	-	-	+
珠峰龙胆 Gentiana stellata	龙胆科	龙胆属	-	-	-	-	-	-	-	+	-	-
高山龙胆 Gentiana algida	龙胆科	龙胆属	-	-	-	-	+	+	-	-	+	-
白条纹龙胆 Gentiana burkillii	龙胆科	龙胆属	-	+	+	-	-	-	-	-	-	-

续表

物种名/拉丁名	科名	属名	调查样地									
			1#	2#	3#	4#	5#	6#	7#	8#	9#	10#
全萼秦艽 Gentiana lhassica	龙胆科	龙胆属	-	+	-	-	-	-	-	-	-	+
东俄洛黄耆 Astragalus tongolensis	豆科	黄芪属	+	+	-	-	-	+	+	-	+	+
黑萼棘豆 Oxytropis melanocalyx	豆科	棘豆属	-	+	-	+	+	-	+	+	+	+
镰荚棘豆 Oxytropis falcata	豆科	棘豆属	-	-	-	+	+	-	-	+	+	-
甘肃棘豆 Oxytropis kansuensis	豆科	棘豆属	-	-	+	+	+	+	+	-	-	-
胀果棘豆 Oxytropis stracheyana	豆科	棘豆属	+	-	+	+	+	+	+	-	+	-
高山棘豆 Oxytropis alpina	豆科	棘豆属	-	-	-	-	-	+	+	+	+	-
黄花棘豆 Oxytropis ochrocephala	豆科	棘豆属	-	-	+	-	+	-	+	-	-	-
少花米口袋 Gueldenstaedtia verna	豆科	米口袋属	-	-	+	-	+	-	-	-	-	-
蕨麻 Potentilla anserina	蔷薇科	委陵菜属	+	-	+	+	+	+	-	+	-	-
楔叶委陵菜 Potentilla cuneata	蔷薇科	委陵菜属	-	-	-	-	-	-	-	-	-	-
条裂委陵菜 Potentilla lancinata	蔷薇科	委陵菜属	-	-	-	-	+	-	-	-	-	-
银光委陵菜 Potentilla argyrophylla	蔷薇科	委陵菜属	-	-	-	-	+	-	-	-	-	-

续表

物种名/拉丁名	科名	属名	调查样地									
			1#	2#	3#	4#	5#	6#	7#	8#	9#	10#
小叶金露梅 Potentilla parvifolia	蔷薇科	委陵菜属	-	-	-	-	-	-	-	-	-	-
垫状点地梅 Androsace tapete	报春花科	点地梅属	+	-	-	-	-	+	+	+	+	+
圆叶点地梅 Androsace graceae	报春花科	点地梅属	-	-	-	-	+	-	-	-	-	-
昌都点地梅 Androsace bisulca	报春花科	点地梅属	-	+	-	-	-	+	-	-	-	-
匙叶雪山报春 Primula limbata	报春花科	报春花属	-	-	+	-	-	-	-	-	-	-
灰毛蓝钟花 Cyananthus incanus	桔梗科	蓝钟花属	-	+	-	-	+	+	-	+	+	-
大萼蓝钟花 Gyananthus macrocalyx	桔梗科	蓝钟花属	-	-	-	-	-	-	-	-	+	-
车前 Plantago asiatica	车前科	车前属	-	+	+	-	-	-	+	-	-	-
甘青老鹳草 Geranium pylzowianum	牻牛儿苗科	老鹳草属	-	-	-	-	-	-	-	-	-	-
鼠掌老鹳草 Geranium sibiricum	牻牛儿苗科	老鹳草属	-	-	-	-	+	-	-	-	-	-
曲茎马先蒿 Pedicularis flexuosa	玄参科	马先蒿属	-	-	+	-	-	-	-	-	+	-
草甸马先蒿 Pedicularis roylei	玄参科	马先蒿属	-	-	-	+	-	-	-	-	-	-
美丽马先蒿 Pedicularis bella	玄参科	马先蒿属	-	-	+	-	-	-	-	-	-	-

续表

物种名/拉丁名	科名	属名	调查样地									
			1#	2#	3#	4#	5#	6#	7#	8#	9#	10#
马先蒿 Pedicularis sp.	玄参科	马先蒿属	−	−	−	−	+	−	−	−	−	−
肉果草 Lancea tibetica	玄参科	肉果草属	−	−	+	+	+	+	+	+	+	−
匙叶翼首花 Pterocephalus hookeri	川续断科	翼首花属	−	−	+	−	−	−	−	−	+	−
双花堇菜 Viola biflora	堇菜科	堇菜属	−	−	+	−	−	−	−	−	−	−
独一味 Lamiophlomis rotata	唇形科	独一味属	+	−	−	+	+	+	−	+	+	−
青藏垫柳 Salix lindleyana	杨柳科	柳属	+	−	−	−	−	+	−	+	+	−
节节草 Equisetum ramosissimum	木贼科	木贼属	−	−	−	−	−	−	+	−	−	−
穆坪耳蕨 Polystichum moupinense	鳞毛蕨科	耳蕨属	−	−	−	−	−	−	−	+	−	−

注："+"表示存在该物种；"—"表示不存在该物种；带阴影的"+"表示特有种。

2.2.2.2　草甸植被调查与分析

(1)植被指数调查结果与显著性检验

植被指数调查结果显示(表 2-7),植被总盖度在 58.2%～94.4%,其中,6♯样地的植被总盖度最小,为 58.2%,4♯样地的植被总盖度最大,为 94.4%;Simpons 多样性指数在 0.54～1.19,其中,6♯样地 Simpons 多样性指数最小,为 0.54,5♯样地 Simpons 多样性指数最大,为 1.19;Shannon-Wiener 多样性指数在 0.99～1.41,其中,10♯样地的 Shannon-Wiener 多样性指数最小,为 0.99,5♯样地的多样性指数最大,为 1.41;均匀度指数在 0.51～0.70,其中,9♯样地植被均匀度指数最小,为 0.51,2♯样地植被均匀度指数最大,为 0.70,植被指数调查数据见附录Ⅲ。方差分析结果显示(表 2-8),不同调查样地的 Shannon-Wiener 多样性指数和均匀度指数差异性均不显著($P>0.05$),但 Simpons 多样性指数和植被总盖度存在极显著差异($P<0.01$)。

表 2-7　植被指数调查结果

调查样地	D	H	E	C
1♯	0.62±0.16	1.36±0.15	0.69±0.05	87.6±1.6%
2♯	0.64±0.02	1.23±0.08	0.70±0.03	86.4±1.7%
3♯	0.58±0.08	1.20±0.17	0.56±0.08	76.2±2.0%
4♯	0.65±0.03	1.28±0.07	0.64±0.04	94.4±0.8%
5♯	1.19±0.06	1.41±0.15	0.65±0.04	82.6±1.9%
6♯	0.54±0.08	1.14±0.18	0.59±0.07	58.2±2.8%
7♯	0.56±0.03	1.12±0.05	0.58±0.03	92.6±1.8%
8♯	0.58±0.04	1.11±0.07	0.54+0.03	92.4±1.6%
9♯	0.55±0.06	1.14±0.10	0.51±0.04	60.4±4.4%
10♯	0.59±0.02	0.99±0.04	0.62±0.03	76.8±3.9%

注:E 表示均匀度指数;D 表示 Simpons 多样性指数;H 表示 Shannon-Wiener 多样性指数;C 表示植被总盖度。表中数据为平均值±标准误差。

表 2-8　10 个调查样地植被指数方差分析

植被指数	平方和	均方	df	F	P
D	1.689	0.188	9	10.006	<0.010**
H	0.631	0.070	9	0.820	0.602
E	0.176	0.020	9	1.379	0.231
C	0.760	0.084	9	27.577	<0.010**

注:E 表示均匀度指数;D 表示 Simpons 多样性指数;H 表示 Shannon-Wiener 多样性指数;C 表示植被总盖;**:极显著。

(2)相关性分析

利用 SPSS 22.0 软件对 2016 年调查的 10 个样地(1#～10#)草原毛虫种群密度、植被总盖度、均匀度指数、Simpons 多样性指数、Shannon-Wiener 多样性指数两两之间进行皮尔森相关系数分析,从分析结果得出(表 2-9),草原毛虫种群密度与草甸植被多样性指数以及均匀度指数之间的相关性均不显著(P>0.05),表明草原毛虫种群密度对草甸植被多样性指数和均匀度指数的影响较小。草原毛虫种群密度与植被总盖度之间呈极显著的负相关关系(P<0.01),表明随着草原毛虫种群密度的增大,草甸植被总盖度总体呈逐渐减小的趋势(图 2-6)。

表 2-9　2016 年草原毛虫种群密度和草甸植被指数之间的皮尔森相关系数

皮尔森相关分析	E	D	H	C	Q
E	1	0.374	0.561	0.415	−0.400
D	0.374	1	0.671*	0.175	−0.346
H	0.561	0.671*	1	0.283	−0.549
C	0.415	0.175	0.283	1	−0.813**
Q	−0.400	−0.346	−0.549	−0.813**	1

注:E 表示均匀度指数;D 表示 Simpons 多样性指数;H 表示 Shannon-Wiener 多样性指数;C 表示植被总盖度;Q 表示草原毛虫种群密度;**:极显著相关;*:显著相关。

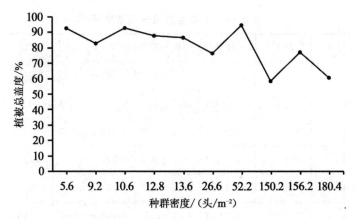

图 2-6　2016 年草原毛虫种群密度对草甸植被总盖度的影响趋势

2.2.3　草甸土壤生态因子调查与分析

2.2.3.1　土壤生态因子调查结果与显著性检验

土壤生态因子调查结果显示(表 2-10),10 个调查样地土壤温度为 14～26 ℃,其中,1♯样地的土壤温度最小,为 14 ℃,8♯样地的土壤温度最大,为 26 ℃;土壤 pH 值的范围为 5.5～6.8,其中,3♯样地的土壤 pH 值最小,为 5.5,6♯样地的土壤 pH 值最大,为 6.8;土壤含水量的范围为 2.4%～37.6%,其中,8♯样地的土壤含水量最小,为 2.4%,1♯样地的土壤含水量最大,为 37.6%;土壤总盐的的范围为 0.130～0.182 g/kg,其中,5♯样地的土壤总盐最小,为 0.130 g/kg,9♯样地土壤总盐最大,为 0.182 g/kg;土壤电导率的范围为 0.002～0.032 S/m,其中,10♯样地土壤电导率最小,为 0.002 S/m,2♯样地的土壤电导率最大,为 0.032 S/m,土壤生态因子调查数据见附录Ⅳ。方差分析结果显示(表 2-11),不同调查样地的土壤温度、土壤 pH 值、土壤含水量、土壤总盐和土壤电导率差异性均极显著($P < 0.01$),表明不同调查样地土壤环境有很大的差异。

表 2-10　土壤生态因子调查结果

调查样地	$T/\text{℃}$	pH 值	$W/\%$	$S/(\text{g}\cdot\text{kg}^{-1})$	$G/(\text{S}\cdot\text{m}^{-1})$
1#	14±1.0	5.7±0.1	37.6±0.4	0.164±0.005	0.030±0.000
2#	19±1.1	6.2±0.1	32.0±4.1	0.142±0.003	0.032±0.003
3#	20±0.2	5.5±0.1	34.4±0.7	0.146±0.008	0.016±0.001
4#	22±0.5	6.2±0.1	36.0±0.6	0.170±0.007	0.022±0.002
5#	24±0.5	5.8±0.1	32.0±1.0	0.130±0.000	0.020±0.010
6#	23±0.6	6.8±0.1	6.2±1.5	0.166±0.009	0.008±0.002
7#	25±0.4	5.8±0.1	8.4±1.7	0.160±0.006	0.008±0.002
8#	26±1.0	6.0±0.1	2.4±1.2	0.146±0.012	0.004±0.002
9#	18±0.7	5.8±0.2	11.4±0.9	0.182±0.009	0.010±0.001
10#	20±1.1	6.1±0.1	4.4±2.2	0.114±0.020	0.002±0.002

注:T 表示土壤温度;W 表示土壤体积含水量;S 表示土壤总盐;G 表示土壤电导率。表中数据为平均值±标准误差。

表 2-11　10 个调查样地土壤生态因子方差分析

土壤生态因子	平方和	均方	df	F	P
T	608.180	67.576	9	19.993	<0.01**
W	1.005	0.112	9	57.290	<0.01**
pH	5.969	0.663	9	8.481	<0.01**
S	0.019	0.002	9	3.773	<0.01**
G	0.005	0.001	9	26.497	<0.01**

注:T 表示土壤温度;W 表示土壤体积含水量;S 表示土壤总盐;G 表示土壤电导率;** 表示极显著相关。

2.2.3.2　相关性分析

利用 SPSS 22.0 软件对 2016 年调查的 10 个样地草原毛虫种群密

度、土壤温度、土壤 pH 值、土壤体积含水量、土壤总盐、土壤电导率两两之间进行皮尔森相关系数分析,结果得出(表 2-12),草原毛虫种群密度与土壤生态因子之间的相关性均不显著($P>0.05$),表明草原毛虫的种群分布受土壤环境的影响较小。

表 2-12　草原毛虫种群密度和土壤生态因子之间的皮尔森相关系数

生态因子	T	pH 值	W	G	S	Q
T	1	0.262	−0.472	−0.542	−0.192	−0.195
pH 值	0.262	1	−0.364	−0.165	0.078	0.422
W	−0.472	−0.364	1	0.895**	0.067	−0.509
G	−0.542	0.165	0.895**	1	0.143	−0.502
S	−0.192	0.078	0.067	0.143	1	0.171
Q	−0.195	0.422	−0.509	−0.502	0.171	1

注:Q 表示草原毛虫种群密度;T 表示土壤温度;W 表示土壤体积含水量;G 表示电导率;S 表示总盐;** 表示极显著相关;* 表示显著相关。

2.3　结论与讨论

青藏高寒牧区居青藏高原腹地,是牦牛、藏羊的主要产地,也是最主要的牧业基地。这里气候凉爽,太阳辐射强,5～7 月降水丰富,为草原毛虫的分布、危害提供了有利的外界条件。仅玉树州境内的草原毛虫分布面积就高达 $5.4×10^5$ hm^2,占青海省草原毛虫分布总面积的 50.9%,其中,重度以上危害面积达 $3.2×10^5$ hm^2,占全省危害总面积的 45.7%(何孝德和王薇娟,2003)。根据何孝德和王薇娟(2003)对青海省草原毛虫分布区域的划分,玉树州被定位为江河源头草原毛虫重灾区Ⅰ类亚区。根据于健龙和石红霄(2010)对高寒草甸草原毛虫危害等级划分标准,在玉树州调查的 10 个样地中,有 3 个样地的草原毛虫已达重度、极重度危害等级(种群密度大于或等于 130 头/m^2),占调查样地总数的 30%。说明玉树州境内的草原毛虫分布集中,部分地区危害严重,需及时采取防治措施。

草原毛虫雌成虫翅已退化,与雄虫交配后在原地结茧产卵,因此,草原毛虫只能依靠幼虫近距离迁移,这直接导致草原毛虫种群呈聚集分布型,并随着长期以来的生存特点逐渐形成点状与岛屿状分布(严林,2006)。据报道,青海草原毛虫分布中心点密度高达 1 000 头/m²(杨爱莲,2002;严林,2006)。本书作者通过野外调查发现,青藏高寒牧区草场的草原毛虫同样呈聚集型分布,集中分布在嘉塘草原、隆宝草原和治多草原,种群密度最大达 200.6 头/m²,以此为核心的周边区域草原毛虫种群密度较小,有些地方甚至没有草原毛虫分布。草原毛虫聚集分布习性以及较强的子代繁殖能力可能是玉树州部分地区草原毛虫成灾的主要原因。草原毛虫喜食植物种类较少,尤其喜食嵩草属植物,如小蒿草、矮生嵩草等,并以这些植物的茎尖、叶端和叶缘为主要取食部位(万秀莲和张卫国,2006)。因此,草原毛虫种群分布还受限制于喜食植物的空间格局。万秀莲和张卫国(2006)研究表明,草原毛虫总体空间格局上呈聚集型分布,但在小尺度下则呈均匀型分布,且虫口密度与喜食植物的丰富度和多样性具有紧密的关联。随着喜食植物丰富度和多样性的增加,草原毛虫种群密度显著上升,随着喜食植物丰富度和多样性的减少,草原毛虫种群密度显著下降。在野外调查中同样发现,嵩草属植物盖度较高的草甸,草原毛虫种群密度较大,嵩草属植物盖度较低,且其他种类植物较多的草甸,草原毛虫种群密度较小。此外,草原毛虫种群分布还受海拔高度和坡向的影响,草原毛虫种群密度受海拔高度的影响极显著,且高密度的调查样地海拔大部分在 4 200 m 以上。阚绪甜(2016)对青藏高原草原毛虫种群密度的调查结果显示,草原毛虫主要分布在海拔 4 074～4 450 m,低于海拔 4 000 m 的区域基本没有草原毛虫分布。青藏高原高海拔地区是一种寒冷且缺氧的极端生境,草原毛虫对这种极端生境表现出的适应性是由其自身的遗传机制决定的(张棋麟,2014;Yuan et al.,2015;杨兴卓等,2018)。研究表明,高海拔极端生境生活的昆虫能够调整自身基本代谢过程适应低氧压力(Zhao et al.,2013)。在野外调查中还发现,草原毛虫幼虫主要分布在阳坡或无坡向的高寒草甸,这可能与草原毛虫幼虫喜好温暖、阳光充足的气候有关,尤其是进入快速生长期的幼虫(5～6 龄),需在白天吸收阳光以满足自身生长发育的能量需求。

高寒草甸是青藏高原主要的天然草地类型(孙飞达等,2009),不仅是畜牧业发展的资源依托,而且也是许多适应极端生境物种分化变异的中心(江小雷等,2004;于健龙和石红霄,2010)。植物群落结构和土壤环境是高寒草甸生态系统最基本的参照特征(孙飞达等,2009),其稳定性是草甸生态系统存在的必要条件和功能表现。草原毛虫作为青藏高原高寒草甸的主要害虫之一,主要取食莎草科、禾本科、豆科等各类占植被群落优势地位的牧草,尤其对嵩草属植物表现出强烈的偏好和倾向性(万秀莲和张卫国,2006;尼玛卓玛,2015)。在草原毛虫密集区,大量的嵩草属植物被草原毛虫蚕食殆尽,导致其在植物群落结构中的竞争力下降,其他植物物种的竞争力增强,随之,植物群落中物种生态位发生变化,进而影响整个草甸生态系统的稳定性。草甸生态系统的失衡,又进一步加剧草甸退化和草甸生态系统恶化。马培杰等(2016)研究表明,草原毛虫对小蒿草草甸植被总生物量、盖度和丰度的影响不大,但能显著降低植被的 Simpson 指数、Shannon-Wiener 指数和 Pielou 指数。于健龙和石红霄(2010)对高寒嵩草草甸植被调查结果显示,草原毛虫虫口密度与高寒嵩草草甸地上生物量具有显著的正相关关系,与草甸地下生物量、生草层厚度和牧草高度具有显著的负相关关系,与植被总盖度的相关性不显著,但当虫口密度达到重度、极重度危害等级时,植被总盖度显著降低。在本书中,草原毛虫种群密度与高寒草甸植被多样性指数和均匀度指数之间的相关性均不显著($P>0.05$),但与植被总盖度之间具有极显著的负相关关系($P<0.01$),随着草原毛虫种群密度的增加,草甸植被总盖度总体呈逐渐减小的趋势。草原毛虫幼虫喜食小蒿草、矮生嵩草和大花嵩草等嵩草属的植物,喜食植物种类较少(万秀莲和张卫国,2006),因此不会影响草甸植被的多样性和均匀度。但嵩草属植物大多为草甸优势种,植被覆盖度较大,当草原毛虫种群密度过高时,这些优势植物就会被大面积破坏,从而使草甸植被总盖度明显减小。

草甸生态系统包括地上和地下两个部分,两者之间并不是独立存在的,而是有着密切的联系,可以对彼此产生强烈的影响(Wardle et al.,2004)。许多研究表明,地上、地下之间的相互联系还受到植食性动物取食作用的调节(Bardget and Wardle,2003)。地上植食性昆虫不仅可以改变地上植物的群落结构,还可以通过改变植物的营养运输、分泌排泄物等方式间接地影响地下土壤生态系统中的生物群落和土壤生态因子,进而对地上生态系统形成反馈(Bardget and Wardle,2010;周佳卉和吴纪华,2017)。于健龙和石红霄(2010)对高寒嵩草草甸土壤特征的研究表明,土壤含水量和虫口密度呈负相关关系,随着虫口密度的增加,土壤含水量显著减少,说明高寒草甸土壤或地表环境过于湿润时反而不利于草原毛虫的生长。在本书研究中,草原毛虫种群密度与土壤生态因子之间的相关性均不显著($P>0.05$),表明草原毛虫的种群分布受土壤环境的影响较小。

2.4 小 结

本书对青海省玉树州高寒牧区不同区域草原毛虫种群密度、生境植被与土壤生态因子进行了调查,结果表明,草原毛虫整体呈聚集型分布,最大虫口密度可达 200.6 头/m^2,30%的调查样地达到重度、极重度危害等级,表明玉树州境内草原毛虫分布密度高,部分地区危害严重;草原毛虫种群密度与草甸植被多样性指数及均匀度指数之间的相关性不显著($P>0.05$),但与植被总盖度之间存在极显著的负相关关系($P<0.01$),随着草原毛虫种群密度的增加,植被总盖度呈逐渐减小的趋势;草原毛虫种群密度与土壤生态因子之间的相关性均不显著($P>0.05$),表明草原毛虫的种群分布受土壤环境的影响较小。本书对草原毛虫种群分布及其生境展开的基础调查工作可为草原毛虫灾害的预测预报提供科学的基础数据。

第3章 草原毛虫两种寄生天敌昆虫自然寄生情况调查与分析

寄生天敌昆虫种类鉴定是害虫生物防控的前提,而建立在形态学特征观察基础上的物种鉴定,通常情况下会因为观察者主观性的存在而导致物种鉴定不准确。随着DNA条形码技术在昆虫分类学中的应用,利用形态学观察与分子生物学相结合的技术逐渐取代了单一依靠形态学观察的物种鉴定方法。本书在草原毛虫蛹期筛选出两种适合应用到生物防控的寄生性天敌昆虫,即寄生蜂和寄生蝇,并在这两种寄生天敌昆虫形态学特征观察的基础上,结合其线粒体细胞色素C氧化酶亚基Ⅰ(cytochrome C oxidase Ⅰ,COI)基因标记,对这两个物种进行种类鉴定和进化过程中的系统发育研究,为草原毛虫寄生天敌昆虫分类学的深入研究提供参考依据,丰富了草原毛虫生物防控寄生性天敌资源库。

天敌昆虫是影响害虫种群动态变化的重要生物因子,而天敌昆虫的平均寄生率是判断其对害虫控制效能高低的重要指标(赵修复,1981;田晓霞,2010)。在长期的进化过程中,天敌昆虫与寄主之间形成了一种相互依存、相互制约的关系,正是自然界这种对立统一的关系维持着天敌昆虫与寄主种群的相对稳定(赵修复,1981)。因此,生物防控不仅需要掌握害虫的发生规律和种群动态,而且需要研究天敌的种群动态、效能以及害虫与天敌之间的相关关系。本书通过对草原毛虫蛹期两种寄生性天敌昆虫的自然寄生率进行调查,对它们的自然寄生率与草原毛虫的种群密度之间的相关关系进行分析,研究草原毛虫寄生天敌昆虫与草原毛虫种群消长关系,为草原毛虫生物防控中寄生性天敌昆虫的选择及其扩繁提供科学依据。

3.1 材料与方法

3.1.1 草原毛虫寄生天敌昆虫种类鉴定及系统发育研究

3.1.1.1 草原毛虫寄生天敌昆虫样品采集

草原毛虫寄生天敌昆虫(寄生蜂和寄生蝇)均采集自青海省玉树州治多县海拔 4 580 m 高寒草甸的草原毛虫蛹内,采集时间为 2017 年 8 月下旬;采集的草原毛虫寄生性天敌昆虫一部分制作成标本,用于物种鉴定;另一部分浸泡于非冻型 DNA 组织保存液,4 ℃保存,用于样品总 DNA 的提取。

3.1.1.2 草原毛虫寄生天敌昆虫标本制作与形态学种类鉴定

将采集到的寄生草原毛虫蛹带回实验室,并置于试管中饲养,管口塞进脱脂棉以保持湿度,每天检查有无寄生蜂或寄生蝇羽化。将羽化 3 d 后的寄生性天敌昆虫用乙酸乙酯杀死,黏在三角纸板上制成针插标本(杨忠岐等,2015),在体视显微镜 Nikon SMZ15(Nikon,Tokyo,Japan)下观察并记录标本的体色及其躯体(头、胸、腹)、触角、足和翅的构造,根据《中国动物志 昆虫纲》分类检索表记录的昆虫外部形态特征,逐条比对进行物种鉴定。书中新种描述的形态术语参见 Boucek(1988)、Gibson 等(1997)和 Graham(1969)。草原毛虫寄生蜂形态学物种鉴定由中国林业科学研究院森林生态环境与保护研究所杨忠岐教授完成,寄生蝇形态学物种鉴定由中山大学有害生物控制与资源利用国家重点实验室张古忍教授完成。

3.1.1.3 草原毛虫寄生天敌昆虫 COI 基因扩增

(1)草原毛虫寄生天敌昆虫样品总 DNA 提取

草原毛虫寄生天敌昆虫样品总 DNA 的提取参照基因组 DNA 提取试剂盒说明书(Axygen,Suzhou,China)进行。

（2）草原毛虫寄生天敌样品总 DNA 浓度和纯度的检测

采用 Nanodrop 2000 分光光度计（Thermo Fisher Scientific，Wilmington，DE）检测样品 DNA 的浓度和纯度。如果提取的样品 DNA 浓度过高，在进行 PCR 实验前需对样品 DNA 进行稀释。

（3）草原毛虫寄生天敌昆虫 COI 基因扩增引物设计

草原毛虫寄生蜂 COI 基因扩增引物设计参照小蜂总科 COI 基因通用引物（吴文珊等，2013）、草原毛虫寄生蝇 COI 基因扩增引物设计参照寄蝇亚科 COI 基因通用引物（池宇等，2011）。所用引物序列如表 3-1 所示。

表 3-1　草原毛虫寄生蜂和寄生蝇 COI 基因扩增反应引物序列

基因	引物序列（5′→3′）	碱基数
草原毛虫寄生蜂 COI 基因	CAACATTTATTTTGATTTTTTGG	23
	TCCAATGCACTAATCTGCCATATTA	25
草原毛虫寄生蝇 COI 基因	GGTCAACAAATCATAAAGATATTGG	25
	TAAACTTCAGGGTGACCAAAAAATCA	26

（4）草原毛虫寄生天敌昆虫 COI 基因扩增反应体系与反应程序

草原毛虫寄生天敌昆虫（寄生蜂和寄生蝇）COI 基因扩增反应体系和反应程序在参考相关文献的基础上，根据实际反应效果进行了优化，优化后的扩增反应体系和反应程序如表 3-2 至表 3-5 所示。

表 3-2　草原毛虫寄生蜂 COI 基因扩增反应体系

反应试剂	体积/μL
10×rTaq 缓冲液（20 mmol/L Mg^{2+}）	5
dNTP 混合物（2.5 mmol/L）	4
正义链引物（10 μmol/L）	2
反义链引物（10 μmol/L）	2
重组 Taq DNA 聚合酶（5 U/μL）	0.25
DNA 样本（40 ng/μL）	4
ddH$_2$O	32.75
总计	50

表 3-3 草原毛虫寄生蜂 COI 基因扩增反应程序

步骤	温度/℃	时间	循环
预变性	95	3 min	1
变性	94	45 s	
退火	53	1 min	35
延伸	72	1 min	
最后延伸	72	7 min	1

表 3-4 草原毛虫寄生蝇 COI 基因扩增反应体系

反应试剂	体积/μL
10×rTaq 缓冲液(20 mmol/L Mg^{2+})	2.5
dNTP 混合物(2.5 mmol/L)	2
正义链引物(10 μmol/L)	2.5
反义链引物(10 μmol/L)	2.5
rTaq DNA 聚合酶(5 U/μL)	0.1
DNA 样本(40 ng/μL)	2
ddH$_2$O	13.4
总计	25

表 3-5 草原毛虫寄生蝇 COI 基因扩增反应程序

步骤	温度/℃	时间	循环
预变性	95	3 min	1
变性	95	40 s	
退火	50	55 s	35
延伸	72	1 min	
最后延伸	72	7 min	1

(5)草原毛虫寄生性天敌昆虫 COI 基因扩增产物的验证与测序

配制 1%琼脂糖凝胶(含 EB 染料),用移液枪取 10 μL 稀释后的草原毛虫寄生性天敌昆虫样品 DNA 和 DNA Marker 点样至琼脂糖凝胶孔内(每种样品设置 3 个重复)。然后将点样后的凝胶小心浸没于装有 1×TAE 缓冲液的电泳槽中(DYY-8C,六一,北京,中国),恒压 110 V 电泳 30 min,最后将凝胶放置于凝胶成像系统(UVP Geldoc-It TS, UVP,CA,USA)中拍照并观察目标产物的扩增结果,挑选扩增效果较好的样品,委托华大基因测序公司进行正反链双向测序。

3.1.1.4　COI 基因序列分析与系统发育树构建

(1)草原毛虫寄生性天敌昆虫 COI 基因序列拼接及碱基组成分析

利用 Seqman 软件对测序所得的草原毛虫寄生蜂和寄生蝇 COI 基因正、反向序列进行拼接,删除头尾载体序列,通过观察测序峰图校正可疑位点,然后将拼接完成后的序列保存为 Fasta 格式的文件,并对拼接后的基因序列碱基组成进行统计分析。

(2)草原毛虫寄生性天敌昆虫 COI 基因序列在 NCBI 数据库比对及其用于构建系统发育树的物种选择

为探索草原毛虫寄生性天敌昆虫在进化中的系统发育情况,本书将测序得到的草原毛虫寄生蜂和寄生蝇 COI 基因序列在 NCBI 数据库中进行比对,并从比对到的核酸序列中,挑选膜翅目(Hymenoptera)小蜂总科(Chalcidoidea)5 科 9 属 10 种寄生蜂 COI 基因(表 3-6)与双翅目寄蝇科(Tachinidae)2 亚科 9 属 10 种寄生蝇 COI 基因(表 3-7)用于草原毛虫寄生蜂和寄生蝇遗传关系的分析及系统发育树的构建。选取的 COI 基因序列通过登录号从 GenBank 中下载,并保存为"Fasta"格式文件,用于物种间基因序列比对和系统发育分析。

表 3-6　GenBank 中收录的 10 种寄生蜂 COI 基因信息

科	属	种	登录号
Pteromalidae	*Apocrypta*	*Apocrypta* sp.	AF302058
	Diaziella	*Diaziella bizarrea*	JQ756539
	Crossogaster	*Crossogaster stigma*	EF054803
	Philocaenus	*Philocaenus barbarus*	JQ756587
	Sycoscapter	*Sycoscapter* sp.	DQ678977

续表

科	属	种	登录号
Aphelinidae	*Unclassified Aphelinidae*	*Aphelinidae* sp. PC124	KU499471
		Aphelinidae sp. PC123	KU499470
Eurytomidae	*Eurytoma*	*Eurytoma* sp.	KC960085
Eupelmidae	*Eupelmus*	*Eupelmus* sp.	KX086210
Torymidae	*Idiomacromerus*	*Idiomacromerus* sp.	MF956377

表 3-7　GenBank 中收录的 10 种寄生蝇 COI 基因信息

亚科	族	属	种	登录号
Exoristinae	Exoristini	*Chetogena*	*Chetogena tessellata*	MG968006
			Chetogena gelida	KR656922
		Tachinomyia	*Tachinomyia nigricans*	KP899672
		Phorocera	*Phorocera obscura*	KX844009
		Gueriniopsis	*Gueriniopsis setipes*	MG967817
		Parasetigena	*Parasetigena silvestris*	KT103325
		Exorista	*Exorista larvarum*	JF869109
	Eryciini	*Carcelia*	*Carcelia* sp.	GU142147
Tachininae	Tachinini	*Peleteria*	*Peleteria aenea*	KU374653
		Paradejeania	*Paradejeania rutilioides*	MG968219

(3)物种间序列比对与系统发育树构建

①序列比对。

应用 DNAman 软件对草原毛虫寄生性天敌昆虫 COI 基因与其他物种的 COI 基因进行序列比对。

②碱基组成与替换。

利用 Mega 6.0 软件对比对物种 COI 序列碱基组成及替换情况进行统计分析。

③遗传距离计算。

应用 Mega 6.0 软件,基于 Kimura 2-paramter 模型,计算物种间的

遗传距离,根据遗传距离分析物种间的亲缘关系。

④系统发育树构建。

应用 Mega 6.0 软件,基于 Kimura 2-paramter 模型,通过邻接法 (Neighbor-joining,NJ)构建系统发育 N-J 树,采用自举法(bootstrap)重复抽样 1 000 次检验系统发育树各分支的置信度。

3.1.2　草原毛虫寄生天敌昆虫自然寄生率及其被三江源草原毛虫金小蜂寄生的草原毛虫蛹的性别比调查

3.1.2.1　调查区域与调查样地布设

本次调查区域为青海省玉树州高寒牧区,调查样地与第 2 章中 8 个草原毛虫种群密度调查样地中的 6 个样地(图 3-1)一致,分别为 1♯、2♯、3♯、4♯、5♯、8♯样地。其中 3 个样地(1♯、2♯、3♯)同时调查被三江源草原毛虫金小蜂寄生的草原毛虫蛹的性别比。

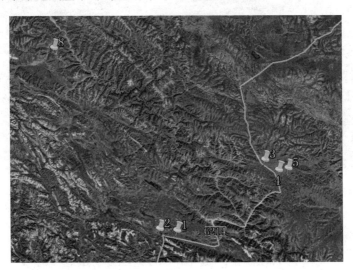

图 3-1　草原毛虫寄生天敌昆虫自然寄生率调查样地

3.1.2.2　调查时间

在青海省玉树州境内连续 5 年(2015～2019 年)调查了经物种鉴定的两种草原毛虫寄生天敌性昆虫的自然寄生率。调查时间为每年的 8

月下旬,这个时期草原毛虫寄生性天敌昆虫对草原毛虫蛹的寄生行为已基本结束,采集到的寄生性天敌昆虫自然寄生率数据更接近真实值。

3.1.2.3　调查方法

(1)草原毛虫寄生性天敌昆虫自然寄生率调查方法

在每一个调查样地,随机抽取 10 个 3 m×3 m 样方,将样方内的草原毛虫蛹全部采集回实验室,去掉干瘪死蛹和成虫羽化后的空蛹壳,保留形态完整、饱满的草原毛虫蛹进行解剖(图 3-2),统计被寄生性天敌昆虫寄生的草原毛虫蛹数量,计算寄生天敌昆虫的寄生率。

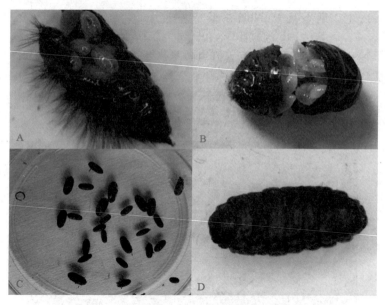

图 3-2　草原毛虫蛹内解剖出的三江源草原
毛虫金小蜂幼虫和草毒蛾鬃堤寄蝇蛹

A:雄性草原毛虫蛹内解剖出的三江源草原毛虫金小蜂幼虫;
B:雌性草原毛虫蛹内解剖出的三江源草原毛虫金小蜂幼虫;
C 和 D:草原毛虫蛹内解剖出的草毒蛾鬃堤寄蝇蛹

(2)被三江源草原毛虫金小蜂寄生的草原毛虫蛹性别比调查方法

在每一个调查样地,随机抽取 200 个形态完整、饱满的草原毛虫蛹(排除干瘪死蛹和羽化后的空蛹壳),分别统计被三江源草原毛虫金小蜂寄生的雄性草原毛虫蛹和雌性草原毛虫蛹数量,计算被三江源草原毛虫金小蜂寄生的草原毛虫蛹的性别比(♂:♀)。

3.1.2.4　寄生率计算方法

草原毛虫寄生性天敌昆虫寄生率参照梁国栋和薛瑞德(1990)对蝇蛹草原毛虫金小蜂寄生率的计算方法

$$自然寄生率(\%)=\frac{被寄生的蛹数量}{采集的蛹总数量}\times100\% \qquad (3-1)$$

3.1.2.5　数据处理

利用 SPSS 22.0 软件对草原毛虫寄生性天敌寄生率与当年以及下一年的草原毛虫毛虫种群密度之间进行皮尔森(Pearson)相关系数分析(Sig.2-tailed);被三江源草原毛虫金小蜂寄生的草原毛虫蛹的性别比检验采用渐进法卡方(Chi-square)检验,假设被寄生的雌雄草原毛虫蛹数量服从均匀分布,即性别比(♂:♀)为 1:1。

3.2　结果与分析

3.2.1　草原毛虫寄生性天敌昆虫种类鉴定与系统发育研究

3.2.1.1　草原毛虫寄生性天敌昆虫总 DNA 质量浓度和纯度检测结果与分析

本书提取的草原毛虫寄生蜂和寄生蝇总 DNA 通过 Nanodrop 2000 分光光度计检测结果表明,草原毛虫寄生蜂总 DNA 质量浓度为 126.4 ng/μL,草原毛虫寄生蝇总 DNA 质量浓度为 157.1 ng/μL,两种样品的总 DNA 质量浓度较高,在 PCR 前需稀释 5 倍。草原毛虫寄生蜂的 $OD_{260/280}$ 值为 1.82,$OD_{260/230}$ 值为 2.08,草原毛虫寄生蝇的 $OD_{260/280}$ 值为 1.84,$OD_{260/230}$ 值为 2.11,提示提取的草原毛虫寄生蜂和寄生蝇总 DNA 纯度较好,可用于后续 COI 基因扩增实验。

3.2.1.2 草原毛虫寄生性天敌昆虫 COI 基因扩增结果与分析

(1)COI 基因扩增质量检测

1%的琼脂糖电泳检测结果显示,扩增的草原毛虫寄生蜂与寄生蝇 COI 基因电泳条带清晰明亮,无拖尾,无游离片段(图 3-3)。通过与 DNA Marker 2000 比对,草原毛虫寄生蜂 COI 基因电泳条带在 750~1 000 bp,草原毛虫寄生蝇 COI 基因电泳条带在 500~750 bp。

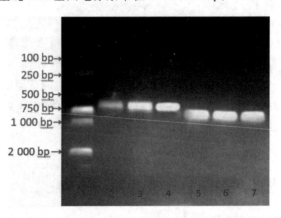

图 3-3 草原毛虫寄生天敌 COI 基因扩增产物电泳检测结果

左起第 1 泳道为 DNA Marker 2000;第 2~4 泳道为草原毛虫寄生蝇
COI 基因扩增产物;第 5~7 泳道为草原毛虫寄生蜂 COI 基因扩增产物

(2)基因测序结果与序列拼接

草原毛虫寄生蜂和寄生蝇 COI 基因扩增产物双向测序序列信息如表 3-8 所示。采用 Seqman 软件对正、反向序列进行拼接组装,得到校正后的 COI 基因序列如图 3-4 和图 3-5 所示。

表 3-8 草原毛虫寄生天敌昆虫 COI 基因双向测序序列信息

序列名称	测序方向	序列长度/bp
草原毛虫寄生蜂	正向	847
COI 基因	反向	845
草原毛虫寄生蝇	正向	644
COI 基因	反向	643

（3）COI 基因碱基组成

正反向拼接及删除头尾载体序列后的草原毛虫寄生蜂和寄生蝇 COI 基因碱基组成结果显示,草原毛虫寄生蜂 COI 基因扩增产物序列长度约 812 bp,A、T、C、G 碱基含量分别为 34.36%、42.61%、10.59%、12.32%,AT 含量达 76.97%,GC 含量达 23.01%,AT 含量显著高于 GC 含量(图 3-4);草原毛虫寄生蝇 COI 基因扩增产物序列长度约 571 bp,A、T、C、G 碱基含量分别为 40.63%、31.00%、14.54%、13.84%,AT 含量达 71.63%,GC 含量达 28.37%,AT 含量显著高于 GC 含量(图 3-5)。

```
ATATATTTTAATTTTACCTGGATTTGGATTAATTTCCCATATAATTAGTAAT
GARAGAATAAAAAAAGAAACATTTGGTTCAATGGGTATAATTTATGCAAT
AATTTCAATTGGATTATTAGGTTTTATTGTATGAGCACATCATATATTTAC
TGTAGGAATAGATGTTGACACTCGAGCATATTTTACTTCTGCTACAATAAT
TATTGCAGTTCCTACTGGAATTAAAATTTTCAGATGACTTGCTTCAATAAA
TGGAATAAAAATTAAATTTAATGTAACTAATTTATGATTATTAGGTTTTAT
TTTTCTTTTTACTGTAGGAGGTTTAACAGGAATTATTTTATCTAATTCTTCT
ATTGATATTATTCTTCATGATACTTATTATGTAGTAGCTCATTTTCATTATG
TTTTATCTATAGGTGCAGTGTTTGCAATTTTTAGAAGATTTATTTATTGGTA
TCCTATAATATTTGGAATATCTATAAATCAAAAATGATTAAAAATTCAATT
TATTACTATATTTTTAGGAGTAAATATAACTTTTTTTCCTCAACATTTTTTA
GGATTAAGTGGTATACCACGACGATATTCAGATTATCCTGATTCTTATTCC
TGTTGGAATATTATATCTTCAATAGGAAGGATTATTACAATAATAAGAAC
TATATTCTTTTTTTTTATTTTATGAGAAAGAATTATTTCTCAACGTATAATT
ATTTTTATAAAAAATTTAAATAATTCAATTGAGTGAATTATAGCTTACCCT
CCAAGGTATCATTCTTTAACGAAATCCAAAAATTTATATAATT
```

图 3-4　草原毛虫寄生蜂 COI 基因序列

TCAAAATAAGAAGTATTTAAATTTCGATCTGTTAATAATATATAATTGCTCCA

GCTAATACTGGTAATGATAATAATAATAATAAAGCTGTAATAACTACTGATCA

AACAAATAAAGGTATTCGGTCTAATGTAAAATTTGTTGATCGTATATTAATTA

CTGTTGTAATAAAATTTACAGCCCCCAAAATTGATGAAATTCCAGCTAAATG

AAGAGAAAAAATAGCTAAATCAACAGAAGCTCCTCCATGAGCAATTACTG

AAGATAAAGGTGGATAAACTGTTCATCCTGTTCCAGCTCCGTTTTCTACTAT

ACTACTTGCTAATAAAAGTGTTAATGAAGGAGGAAGTAATCAAAAACTTAT

ATTATTTATTCGTGGGAAAGCTATATCTGGAGCTCCTAATATTAAAGGAACTA

ACCAATTTCCAAATCCTCCAATTATAATTGGTATTACTATAAAAAAAATTATA

ATAAATGCATGAGCTGTTACAATAACATTATAAATTtGATCATCTCCAATTAA

AGAACCAGGATGACCTAATTCAGTCGAATTAAAATACTTAAGAAGTGA

图 3-5　草原毛虫寄生蝇 COI 基因序列

3.2.1.3　草原毛虫寄生蜂种类鉴定及系统发育研究

(1)形态学鉴定

①标本采集信息。

分布:青海省玉树州治多县。

研究标本:正模:1♀,青海省玉树州治多县(95°49′8.84″E,33°47′11.92″N),海拔 4 580 m 高寒草甸,2017-Ⅷ-23;王海贞、钟欣,采集自草原毛虫雄性蛹和雌性蛹,新种标本保存在北京中国林业科学研究院昆虫标本馆;副模:5♀,7♂,采集信息同正模。

生物学:群集寄生于草原毛虫蛹内,以老熟悉幼虫在寄主蛹中越冬。

②形态学特征描述。

雌(图 3-6A～F,H,K):体长 2.1～2.2 mm,深绿色,具金属光泽;复眼、触角深酱紫色,但触角基部 1/5 和棒节端部黄褐色;前后翅呈均匀的浅棕色,翅脉黄褐色;腹部背板后半部近黑色;各足基节同体色,其他足节褐黄色,唯腿节和端跗节色较深,爪黑色。

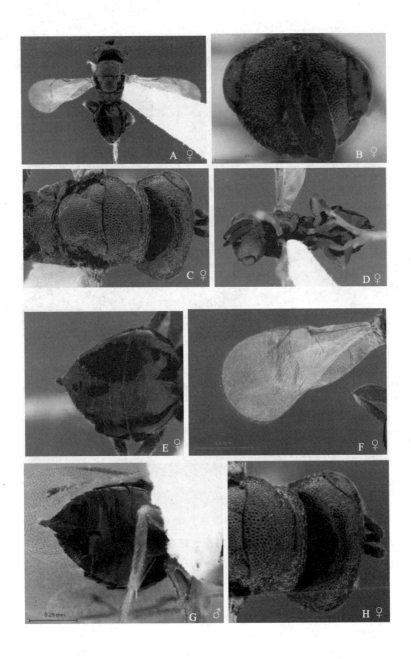

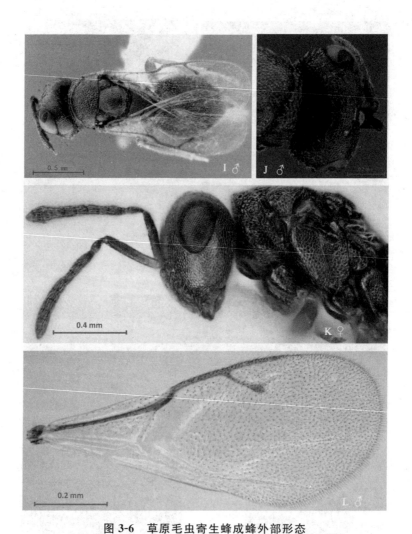

图3-6 草原毛虫寄生蜂成蜂外部形态

A~F,H:雌性;G,I~J:雄性。A:雌性整体背面观;B:雌性头部正面观;
C:雌性头、胸部背面观;D:雌性整体腹面观;E:雌性腹部背面观;F:雌性翅;
G:雄性腹部腹面观;H:雌性头部背面观;I:雄性整体背面观;
J:雄性头部背面观;K:雌性整体侧面观;L:雄性翅

背观头部(图 3-6C,H)略呈哑铃形,前方中部微凹,后头深前凹;头宽为头中部长的 3.2 倍,为头侧方长的 2.1 倍;头宽与胸部和腹部的宽度之比为 84:66:80,头宽显著大于胸宽(近 1.3 倍);上颊长为复眼长的 0.5 倍;头顶均匀隆起,无后头脊,具大小均匀的网状刻纹和较密的褐色刚毛;两侧单眼间距与侧单眼与复眼间距等长,侧单眼小,其长仅为两侧单眼间距的 0.28 倍。

头部正面观(图 3-6B)宽为高的 1.2 倍;额部两复眼间距为复眼高的 1.66 倍;复眼光裸无毛,位于头壳两侧,三只单眼位于头顶,中单眼位于头顶前缘中央,两个后单眼位于中单眼之后两侧;颚眼间距较长,为复眼高的 0.7 倍;两触角窝间距小于其横径(4:6),触角窝与复眼的间距是触角窝横径的 3.7 倍;触角窝下缘仅稍稍位于复眼下缘连线之上,触角窝下缘距中单眼的距离是其距唇基端缘的 1.5 倍;触角洼明显,但较浅,上达中单眼前缘;颚眼沟不显;唇基前缘为不甚突出的双齿状,唇基小,表面具放射状细脊纹;整个颜面均匀膨起,但在脸区中部处隆起较明显,为颜面隆起最高处;颜面上密布中等大小的网状刻纹,并散生较密的白色短刚毛。左右上颚各具 4 齿,每上颚生有 6 根左右长刚毛。触角(图 3-6K)柄节端刚伸达中单眼前缘;触角柄节、梗节、环节 1~2,索节 1~6 和棒节 1~3 长度之比分别为 40:8:2:2:8:7:7:7:7:6:6:6;各节宽度之比分别为 7:6:3:5:4:6:6:7:8:8:9:8:7;索节 1 基部稍收窄,棒节端部钝尖;梗节与鞭节长度之和稍小于头宽,为头宽的 0.87 倍;索节和棒节各节上具一排条形感器,并具半贴伏状的较密的感毛。

胸部背观(图 3-6C)膨起,前胸颈部短,背观不见,前胸盾片不具前缘脊,从后缘向前缘略下倾;盾片较长,中部长为中胸盾片长的 0.2 倍,表面具粗的网状刻纹。中胸盾片宽为长的 1.8 倍;中胸盾纵沟肤浅,仅前部 1/2 隐约可见;中胸盾片表面具显著的网状刻纹,其比前胸盾片上的细密些。中胸小盾片长宽相等,长为中胸盾片的 0.9 倍;背面圆鼓,稍高出中胸盾片;小盾片、三角片和中胸盾片上的网状刻纹基本一致;小盾片后部 1/5 为沟后区,两者间仅以粗细不同的网状刻纹刻画而出(沟后区网状刻纹较粗)。后胸背板(图 3-6C)位于中胸小盾片之下方,后胸盾片十分显著,盾片上形成一呈阔"V"字形后伸的突脊,其与小盾片后缘间形成凹槽,槽内具 10 条左右短纵脊,似"台田"状;该"台田"状区域中部长为小盾片的 0.3 倍;"台田"下后方及两侧腋区具多条短纵脊。两侧腋区下方具较宽而光滑的后缘区;并胸腹(图 3-6C,E)节长,中部长为小盾片的 0.75 倍,具显著的胸后颈(nucha),其长为并胸腹节长的 0.4 倍;中纵脊弱,仅前半部可见;侧褶脊明显,但较弱;两侧褶脊间的中区大而显著,中区和胸后颈上具显著且均匀一致的凸脊网状刻纹,网状刻纹间呈小圆窝状;气门长椭圆形,较小;气门沟明显;侧胝上具细而密的皱脊;侧胝毛较长而密,向后延伸到胸后颈基部侧方。前、中、后胸(图 3-6K)侧板上均具显著的网状刻纹,唯中胸后侧板上方具一小光滑区域;胸腹侧片光滑,无刻纹;各足(图 3-6D)基节上具肤浅但明显的网状刻纹,后足基节背面上半部无毛,下半部在邻腹部处具 6 根刚毛,腿节、径节和跗节黄褐色;前翅(图 3-6F,L)长,后伸达腹末之外;缘脉、痣后脉与痣脉的长度之比为 25:25:17,缘脉与痣后脉等长,为痣脉长的 1.5 倍;亚缘脉上具 10 根左右的鬃毛,缘前脉上具 6 根鬃毛,缘脉、痣后脉及痣脉均具短而密的刚毛;前缘室正面无毛,反面具一排邻缘刚毛,在前缘室后部 1/3 处还具一排刚毛,位于邻缘刚毛之下;基室内从基部到端部均匀分布稀疏刚毛,基脉上有 6 根刚毛;基无毛区下方开式,其外方的翅面上密布褐色短刚毛。后翅外缘和下缘的缘毛较长。

腹部(图 3-6A,E)卵圆形,后端钝突,长为宽的 1.25 倍;长度略小于胸部(为胸部长的 0.9 倍),但宽于胸部(为胸部宽的 1.2 倍);背板 1~7 节长度之比分别为 27:8:4:4:4:5:7,各节宽度(最宽处)之比分别为 49:48:46:37:32:21:10;整个背板光滑无刻纹,仅背板 7 上有细密而肤浅的网状刻纹;背板 1 最大,长度为整个腹部长的 0.46 倍,后缘呈弧形向后突出,背板 1 侧缘具稀疏的刚毛,背面光裸,无刚毛;背板 2~6 后缘基部平截,背板 5 沿前缘具一排刚毛,背板 6 上具两排刚毛;背板 7 基部宽为长的 1.4 倍,背板 7 上具稀疏刚毛;尾须上的刚毛长度基本一致。产卵器微露出腹末。

雄(图 3-6G,I,J):体长 1.4~1.6 mm,与雌相似,体色比雌性成蜂明显浅而鲜亮,全体金绿色;触角柄节、梗节深褐色,鞭节黄褐色;3 棒节与末 3 索节等长;鞭节每节上的感毛比雌性的密而长;梗节与鞭节长度之和稍大于雌性,为头宽的 0.93 倍;背观上颊为复眼长的 0.45 倍;唇基上的放射状脊纹上延至大半个脸区(图 3-6I,J)。

③形态学鉴定结果。

本书鉴定的草原毛虫寄生蜂体色为深绿色,具有金属光泽;头部哑铃形,前面观宽大于高,背面观宽大于长,这些特征与《中国动物志 昆虫纲 膜翅目 金小蜂科》(黄大卫和肖晖,2005)中描述的金小蜂科物种形态特征相似,但同时与《中国动物志 昆虫纲 膜翅目 金小蜂科》中的金小蜂亚科(表 3-9)现有物种形态学特征存在一些差异,说明采集到的寄生蜂可能为一个新种。将采集的草原毛虫寄生蜂样本与廖定熹先生(1987)描述的草原毛虫金小蜂(*Pteromalus qinghaiensis*)形态特征相比,发现两者形态特征较为相似,但该种的标本与廖先生的原始特征描述存在明显的差异(表 3-10)。最后,本书的寄生蜂样品经中国林业科学研究院森林生态环境与保护研究所杨忠岐教授鉴定为金小蜂科的一个新种,并命名为三江源草原毛虫金小蜂(*Pteromalus sanjiangyuanicus*),且在论文后面部分均采用该种名。目前,该新种已在《林业科学》杂志发表(杨忠岐等,2020)。

表 3-9　金小蜂科亚科分类检索表(黄大卫和肖晖,2005)

1. 触角窝位于头的下缘,与唇基相接或几乎相连;触角无环节,触式 1171;柄后腹具明显的腹柄;前翅缘脉长,后缘脉和痣脉较短 ·················· 2
   触角窝与唇基之间有一定的距离;触角具 1 个或更多个环节;其他特征与上述不尽相同 ·················· 3

2. 体色为黄色;头胸部极光滑,无明显刻点;头正面观宽稍大于高;小盾片具侧沟,其两侧明显的纵刻纹;前翅中域光滑无被毛,较膨起;缘前脉处具 4～5 个明显的黑色扁型刚毛 ·················· 奇金小蜂亚科(Storeyinae)
   体色多为暗黑色,无金属光泽;胸部具大型被毛刻点;头正面观高大于宽,小盾片无侧沟,但多具由刻点组成的小盾片横沟 ·················· 佣小蜂亚科(Spalangiinae)

3. 头亚长或圆形,正面观两触角洼之间具有明显的突脊或齿状突,后头具有头脊;有的种类为无翅型,有翅型种类前翅光滑,被毛少,但一般具有较长的缘毛,在亚缘脉前具一丛黑色刚毛;体躯较光滑,呈浅黄色或褐暗色,无金属光泽 ·················· ·················· 蚊形金小蜂亚科(Cerocephalinae)
   头前面观宽大于高,圆形或横宽或三角形;触角洼中部无齿状突脊;后头脊有或无 ·················· 4

4. 触角最多 12 节 ⋯⋯⋯⋯⋯⋯⋯⋯⋯⋯⋯⋯⋯⋯⋯⋯⋯⋯⋯⋯⋯⋯⋯ 5

   触角 13 节 ⋯⋯⋯⋯⋯⋯⋯⋯⋯⋯⋯⋯⋯⋯⋯⋯⋯⋯⋯⋯⋯⋯⋯⋯⋯ 8

5. 柄后腹第一节背板大且较隆起,占整个柄后腹长的 1/2 以上 ⋯⋯⋯⋯ 6

   柄后腹第一节背板较小,不明显隆起,最多占整个柄后腹长的 1/3 ⋯⋯ 7

6. 复眼及头胸均被毛;前翅被密毛;缘脉是痣脉长的 4 倍以上;头背面观不明显下
降,后单眼距后头缘较远;触式 11163,各索节均横形 ⋯⋯⋯⋯⋯⋯⋯⋯⋯
⋯⋯⋯⋯⋯⋯⋯⋯⋯⋯⋯⋯⋯⋯ 毛体金小蜂亚科(Herbertiinae)
   复眼无被毛;前翅具明显的无毛区;缘脉最多为痣脉的 2 倍;头背面观后头缘陡
降且向前凹入,后单眼紧接后头缘或距后头缘很近;触角较为不同,梗节与棒节
之间具 4 或 5 节 ⋯⋯⋯⋯⋯⋯⋯⋯⋯⋯⋯⋯ 蚧金小蜂亚科(Eunotinae)

7. 触及位置低,多为 11 节或 12 节,1 或 2 个极小的环节,上颚左右各 4 齿,唇基较
上凸,两侧稍向下伸,长于唇基中部;胸部光滑无刻点 ⋯⋯⋯⋯⋯⋯⋯⋯⋯
⋯⋯⋯⋯⋯⋯⋯⋯⋯⋯⋯⋯⋯ 寡节金小蜂亚科(Pireninae)
   触角位于颜面的中部或稍上方,具 2 个明显的环节,触式 11253;胸部具刻点或
无;两侧的三角片沟在小盾片前方距离较近(相接或不相接) ⋯⋯⋯⋯⋯⋯
⋯⋯⋯⋯⋯⋯⋯⋯⋯⋯ 盾沟金小蜂亚科(Ormocerinae)

8. 触角最多具 1 个环节、7～8 个索节 ⋯⋯⋯⋯⋯⋯⋯⋯⋯⋯⋯⋯⋯⋯⋯ 9

   触角至少具 2 个环节(有的具 3 个环节) ⋯⋯⋯⋯⋯⋯⋯⋯⋯⋯⋯⋯ 10

9. 雌蜂短翅型或无翅型,雄蜂具发育完整的翅;头顶和体躯具对称的黑褐色刚毛,
颊下缘具脊;柄后腹常常背部与腹柄在一平面上,而腹下方则明显向下膨出,背
面具明显的横形脊纹 ⋯⋯⋯⋯⋯⋯⋯⋯⋯ 双邻金小蜂亚科(Diparinae)
   雌雄蜂均具发育完整的翅;头顶及胸部无成对的刚毛;颊下无脊;后足基节位不
高,背面无横形的脊纹 ⋯⋯⋯⋯⋯⋯ 肿腿金小蜂亚科(Cleonyminae)

10. 柄后节隆起,第二节最长;柄后腹具明显的腹柄;后头具明显的马蹄状的后头
脊;触角位置低,棒节较膨大;前胸较宽大⋯⋯脊柄金小蜂亚科(Asaphinae)腹
柄有或无;后头脊有或无;触角位于颜面中部或上部,其他特征不尽相同 ⋯ 11

11. 颜面膨起,触角明显位于颜面中上部,触式 11263,各索节均长大于宽;触角、足
及体躯均明显细长,密被毛 ⋯⋯⋯⋯ 狭翅金小蜂亚科(Panstenoninae)
   颜面平缓,触角位置变换较多,触式 11263 或 11353;个体较大;前翅较宽大,具
透明斑 ⋯⋯⋯⋯⋯⋯⋯⋯⋯⋯ 柄腹金小蜂亚科(Miscogasterinae)

表 3-10　三江源草原毛虫金小蜂与草原毛虫金小蜂
分类检索表(杨忠岐等,2020)

1. 雌触角全为黑褐色,仅柄节基部呈暗黄色,腹部黑褐色,略带紫色光泽;各足基节
   同体色,均为蓝绿色,其余各节均为黄褐色;中胸盾纵沟在前部 1/3 存在,虽然较
   弱,但很明显(图 3-6C)。前翅缘脉长为痣脉的 1.3 倍(图 3-6L);后胸盾片上具一
   呈"V"字形的锐脊(图 3-6C),其前部形成"台田"状区域,内有 10 条左右短纵脊,
   该"台田"状区域中部长度几乎与中胸小盾片沟后区等长(22∶24);并胸腹节基
   部 1/3 具弱的中纵脊;中胸侧板后侧区上半部具明显的网状刻纹(图 3-6K),雄触
   角深褐色,腹部长为胸部的 0.8 倍 ‥‥‥‥‥‥‥‥‥‥‥‥‥‥‥‥‥‥‥‥
   ‥‥‥‥ 三江源草原毛虫金小蜂(*Pteromalus sanjiangyuanicus* Yang sp. nov.)
1′ 雌触角全为浅黄褐色,腹部与头胸部同色(蓝绿色),仅腹部背面后半部紫褐色,
   除后足基节同体色外,其余各足及各节全为黄色;中胸盾纵沟缺如;前翅缘脉长
   为痣脉的 1.1 倍;后胸盾片上的锐脊呈弧形紧贴小盾片着生,无"台田"状区域;
   并胸腹节无中纵脊;中胸侧板后侧区上半部光滑无刻纹。雄触角浅黄褐色,腹部
   长为胸部的 0.5 倍 ‥‥‥‥‥‥‥‥ 草原毛虫金小蜂(*Pteromalus qinghaiensis* Liao)

(2)分子生物学鉴定

①碱基组成与替换分析。

用 Mega6.0 软件对小蜂总科比对物种的 COI 基因进行碱基分析,碱基平均组成如表 3-11 所示:A=33.1%,T=42.5%,C=9.5%,G=14.9%,AT 含量显著高于 GC 含量,说明小蜂总科比对物种 COI 基因具有明显的 AT 偏向性;第一位点 A=37.4%,T=45.0%,C=4.9%,G=12.7%;第二位点 A=33.1%,T=33.0%,C=12.1%,G=21.3%;第三位点 A=28.7%,T=49.0%,C=11.6%,G=10.7%。其中,第一位点 A+T 含量最高,为 82.4%,说明第一位点变异性最高;第二、三位点相对保守,小蜂总科比对物种 COI 基因碱基组成比率如表 3-11 所示。所有小蜂总科比对物种的 COI 基因共有 322 个碱基位点,其中变异位点(Varoable sites)199 个,占总碱基位点的 61.8%;保守位点(Conscrved sites)123 个,占总碱基位点的 38.2%。简约信息位点(Parsimony informative sites)67 个,占总碱基位点的 20.8%;自裔位点(Singleton sites)132 个,占总碱基位点的 50.0%。

表 3-11　小蜂总科比对物种的 COI 基因碱基组成比率/%

比对物种	T(U)	C	A	G	T-1	C-1	A-1	G-1	T-2	C-2	A-2	G-2	T-3	C-3	A-3	G-3
Apocrypta sp.	42.5	10.9	32.3	14.3	43.0	7.4	38.0	12.0	33.0	13.1	32.7	21.5	52	12.1	26.2	9.3
Aphelinidae sp. PC123	44.1	8.1	32.0	15.8	46.0	3.7	35.2	14.8	35.0	10.3	34.6	20.6	51	10.3	26.2	12.1
Eupelmus sp.	40.1	9.9	33.2	16.8	43.0	5.6	36.1	15.7	32.0	11.2	34.6	22.4	46	13.1	29.0	12.1
Diaziella bizarrea	42.2	10.0	34.1	13.8	45.0	4.7	38.7	11.3	33.0	14.0	32.7	20.6	49	11.2	30.8	9.3
Crossogaster stigma	41.3	8.7	34.5	15.5	41.0	3.7	41.7	13.9	34.0	12.1	30.8	23.4	50	10.3	30.8	9.3
Philocaenus barbarus	41.9	8.7	35.4	14.0	44.0	2.8	42.6	11.1	32.0	12.1	34.6	21.5	50	11.2	29.0	9.3
Sycoscapter sp.	45.0	8.4	32.3	14.3	50.0	4.6	32.4	13.0	34.0	10.3	35.5	20.6	51	10.3	29.0	9.3
Eurytoma sp.	41.6	11.8	32.3	14.3	44.0	8.3	38.0	9.3	37.0	14.0	28.0	20.6	43	13.1	30.8	13.1
Idiomacromerus sp.	42.2	9.3	32.3	16.1	46.0	5.6	33.3	14.8	35.0	11.2	32.7	21.5	46	11.2	30.8	12.1
Aphelinidae sp. PC124	44.1	8.4	32.3	15.2	46.0	3.7	37.0	13.0	35.0	10.3	34.6	20.6	51	11.2	25.2	12.1
Pteromalus sanjiangyuanicus	42.4	10.3	33.3	14.0	47.0	3.7	38.0	11.1	31.0	14.0	33.6	21.5	49	13.2	28.3	9.4
平均值	42.5	9.5	33.1	14.9	45.0	4.9	37.4	12.7	33.0	12.1	33.1	21.3	49	11.6	28.7	10.7

DNA 序列的碱基替换可分为转换（Transition,si）和颠换（Transversion,sv）两种类型,这是生物进化最重要的方式。在进化过程中,亲缘关系较近的物种间编码序列发生转换的频率要高于颠换的频率,而远缘物种间发生颠换的频率高于转换的频率。R 是转换与颠换的比值,是进化序列的一个重要参数,可通过 R 值推测序列替换的饱和性。比对物种间 COI 基因替换频率统计结果显示（表 3-12）,第一位点的碱基替换频率高于第二、三位点,第一、三位点的颠换频率显著高于转换,第二位点的转换频率略高于颠换。

表 3-12　小蜂总科比对物种 COI 基因序列核苷酸对频率平均值

范围	ii	si	sv	R	TT	TC	TA	TG	CC	CA	CG	AA	AG	GG	Total
Avg	265	22	35	0.63	117	10	24	5	23	4	2	86	12	38	321.45
1st	84	8	16	0.47	40	3	13	2	3	1	0	31	5	10	107.64
2nd	92	8	7	1.06	31	4	3	2	10	1	1	31	4	19	107.00
3rd	89	7	11	0.59	46	4	8	1	9	2	1	24	3	9	106.82

ii＝Identical Pairs,si＝Transitionsal Pairs,sv＝Transversional Pairs,R＝si/sv

②NCBI 相似序列比对分析。

将测序所得的三江源草原毛虫金小蜂（*Pteromalus sanjiangyuanicus*）COI 基因在 NCBI 数据库中进行 Blast。比对结果显示,*Pteromalus sanjiangyuanicus* COI 基因与膜翅目（Hymenoptera）小蜂总科（Chalcidoidea）6 科 25 属 38 种昆虫的 106 条序列具有较高的相似度（表 3-13）,其中,比对到金小蜂科（Pteromalidae）的昆虫为 28 个种,95 条序列,占总比对序列的 89.6%;蚜小蜂科（Aphelinidae）4 个种,6 条序列,占总比对序列的 5.7%;姬小蜂科（Eulophidae）2 个种,2 条序列,占总比对序列的 1.9%;广肩小蜂科（Eurytomidae）1 个种,1 条序列,占总比对序列的 0.9%;旋小蜂科（Eupelmidae）1 个种,1 条序列,占总比对序列的 0.9%;长尾小蜂科（Torymidae）1 个种,1 条序列,占总比对序列的 0.9%。在基于 COI 基因的比对序列中（图 3-7）,*Pteromalus sanjiangyuanicus* COI 基因与金小蜂科榕长尾小蜂（*Sycoscapter* sp.）COI 基因序列相似度最高,为 88%,与广肩小蜂科 *Eurytoma* sp. OI 基因序列相似度最低,为 85%。

Pteromalus sanjiangyuanicus COI 基因与 NCBI 数据库中金小蜂科昆虫的相似性序列最多，且与金小蜂科部分昆虫的 COI 基因具有较高的相似度，进一步证实本书采集到的草原毛虫寄生蜂种类为金小蜂科的昆虫。

表 3-13　三江源草原毛虫金小蜂 COI 基因在 NCBI 数据库中的比对结果

科	属	种	匹配的序列数
Pteromalidae	*Pteromalus*	*Pteromalus puparum*	3
	Nasonia	*Nasonia longicornis*	1
		Nasonia vitripennis	2
	Pachyneuron	*Pachyneuron* sp.	1
	Sycoscapter	*Sycoscapter* sp.	16
	Apocrypta	*Apocrypta* sp.	8
	Diaziella	*Diaziella philippinensis*	1
		Diaziella bizarrea	2
		Diaziella sp.	1
	Philotrypesis	*Philotrypesis pilosa*	1
		Philotrypesis sp.	1
	Crossogaster	*Crossogaster stigma*	2
		Crossogaster odorans	4
	Philocaenus	*Philocaenus barbarus*	7
		Philocaenus medius	4
		Philocaenus warei	2
		Philocaenus liodontus	4
		Philocaenus rotundus	1
		Philocaenus bouceki	1
	Otitesella	*Otitesella ako*	3
		Otitesella minima	2

续表

科	属	种	匹配的序列数
	Seres	*Seres solweziensis*	3
	Lipothymus	*Lipothymus* sp.	2
	Sycoryctes	*Sycoryctes* sp.	1
	Apocrypta	*Apocrypta bakeri*	1
	Sycoscapteridea	*Sycoscapteridea* sp.	1
	Eujacobsonia	*Eujacobsonia* sp.	1
	Asaphes	*Asaphes suspensus*	2
	Heterandrium	*Heterandrium* sp.	17
Aphelinidae	*Aphelinidae*	*Aphelinidae* sp.	2
	Aphelinus	*Aphelinus gossypii*	2
		Aphelinus varipes	1
		Aphelinus asychis	1
Eulophidae	*Quadrastichus*	*Quadrastichus haitiensis*	1
	Hemiptarsenus	*Hemiptarsenus autonomus*	1
Eurytomidae	*Eurytoma*	*Eurytoma* sp.	1
Eupelmidae	*Eupelmus*	*Eupelmus* sp.	1
Torymidae	*Idiomacromerus*	*Idiomacromerus* sp.	1
合计	25	38	106

（3）系统发育研究

①遗传距离分析。采用 Mega6.0 软件对 *Pteromalus sanjiangyuanicus* 及其小蜂总科其他物种 COI 基因之间的遗传距离进行分析,结果如表 3-14 所示, *Pteromalus sanjiangyuanicus* 与 *Philocaenus barbarus* 遗传距离最小,为 0.076,与 *Furytomu* sp.遗传距离最大,为 0.787。说明进化过程中, *Pteromalus sanjiangyuanicus* 与 *Philocaenus barbarus* 亲缘关系最近,与 *Eurytoma* sp.亲缘关系最远。

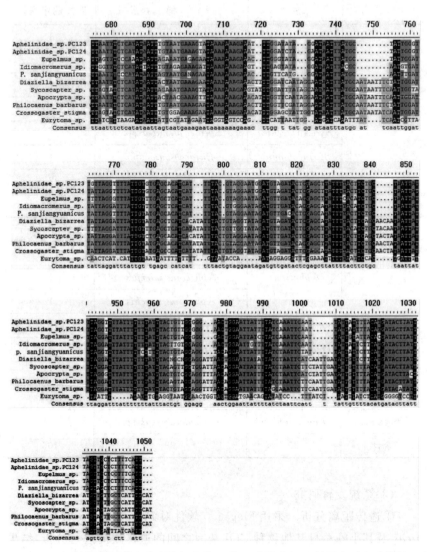

图 3-7　三江源草原毛虫金小蜂与小蜂总科 10 种昆虫 COI 基因序列比对结果

表 3-14　基于小蜂总科比对物种 COI 基因遗传距离矩阵

比对物种	Apocrypta sp.	Diaziella bizarrea	Crossogaster stigma	Philocaenus barbarus	Sycoscapter sp.	Aphelinidae sp. PC123	Aphelinidae sp. PC124	Eupelmus sp.	Eurytoma sp.	Idiomacromerus sp.	P. sanjiangyuanicus
Apocrypta sp.											
Diaziella bizarrea	0.093										
Crossogaster stigma	0.126	0.097									
Philocaenus barbcrus	0.086	0.079	0.090								
Sycoscapter sp.	0.130	0.104	0.122	0.104							
Aphelinidae sp. PC123	0.130	0.111	0.115	0.093	0.108						
Aphelinidae sp. PC124	0.133	0.115	0.119	0.097	0.115	0.009					
Eupelmus sp.	0.149	0.133	0.145	0.115	0.111	0.111	0.119				
Eurytoma sp.	0.837	0.793	0.826	0.803	0.798	0.794	0.824	0.794			
Idiomacromerus sp.	0.721	0.122	0.126	0.122	0.122	0.141	0.145	0.145	0.805		
P. sanjiangyuanicus	0.101	0.090	0.100	0.076	0.122	0.104	0.108	0.137	0.787	0.141	

　　②系统发育树分析。利用 Mega6.0 软件对 *Pteromalus sanjian-gyuanicus* 与小蜂总科 10 个比对物种 COI 基因构建系统发育 N-J 树。如图 3-8 所示,所有的聚类分支支持率均大于 70%,说明构建的 N-J 树可信度较高,可作为物种分类与系统发育研究的依据。广肩小蜂科 *Eurytoma* sp. 从小蜂总科其他物种中分离出来,单独形成一支,说明 *Eurytoma* sp. 与其他物种的亲缘关系较远;*Pteromalus sanjiangyuanicus* 先后与金小蜂科的三个种 *Apocrypta* sp.、*Diaziella bizarrea*、*Philocaenus barbarus* 聚为一支,且与〔*Philocaenus barbarus* ＋（*Apocrypta* sp. ＋*Diaziella bizarrea*）〕形成姊妹群,表明 *Pteromalus sanjiangyuanicus* 与金小蜂科昆虫的亲缘关系较近,可能为金小蜂科的一个种,再次支持了形态学物种鉴定的结果。

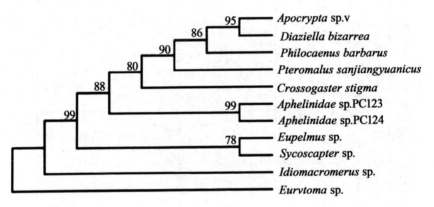

图 3-8　基于 COI 基因构建的三江源草原毛虫金小蜂系统发育 N-J 树

3.2.1.4　草原毛虫寄生蝇种类鉴定及其系统发育研究

(1)形态学鉴定

①标本采集信息。

分布:青海省玉树州治多县。

研究标本:正模:1 ♂ 1♀,青海省玉树州治多县(95°49′8.84″E,33°47′11.92″N),海拔 4 580 m,2017-VIII-23;王海贞、钟欣,采集自草原毛虫雄性蛹和雌性蛹,标本保存在国家教育部食品与健康工程研究中心;副模:4♀,3♂,采集信息同正模。

生物学:寄生于草原毛虫蛹外,为外寄生。

②形态学特征描述。

雄(图 3-9A~J):雄性成虫体型中等,腹部膨大,体色黑色,全身被黑色毛或鬃。

头部(图 3-9C~F)黑色,覆银白色粉被,后头向后方拱起;头顶各具一对内顶鬃和外顶鬃,眼后鬃较密、黑色,外顶鬃与眼后鬃明显分离;具一对复眼,被灰白色细短毛,3 个单眼呈倒三角形排列,单眼鬃较为发达;额宽为复眼宽的 1.5 倍,间额黑色,有 4 根额鬃下降至侧颜,最前方一根触角芒着生出下方;后头毛浓密,浅黄色;颜堤密被黑色颜堤鬃,颜堤鬃上升至颜堤上方的 1/3 处;触角黑色,上着生黑色触角芒,触角芒基本 2/5 处显著加粗(图 3-9D);髭黑色,粗长,位于口缘上方水平。下颚须中等大小,黑色;唇瓣(图 3-9C)较小,口盘较小,长度不越过中喙长的 1/3。

胸部(图 3-9G,H)较腹部短,前胸背板前部与中胸背板前方相愈合,并与头部相连;肩甲上密被肩鬃;中胸背板由盾片、小盾片、后盾片、后背片和侧背片组成,中胸盾片和背片密被黑色细长鬃毛。小盾片黄色,小盾端鬃发达,小盾亚端鬃粗长。前胸、中胸和后胸(图 3-9B,E)各具一对黑色足,分别为前足、中足和后足,足上被黑色鬃,其中腿节和径节鬃较粗长,较密,跗节鬃较短,较稀疏。翅(图 3-10)色浅透明,前缘由 5 个脉段组成,前缘刺较短;中肘横脉与肘脉在端部 1/3 处交接,中肘横脉位于中室端部 1/3 处;中脉心角为锐角,后具 1 条黑色赘脉向翅后缘略延伸;下腋瓣正常,外侧不向下方弯曲;中肘横脉和端横脉两侧具轻微黑晕,在径中横脉上具一黑斑,第五径室在翅顶前方闭合。

腹部(图 3-9E,I,G)黑色,较短且膨大;腹背面有 5 块背板组成,其中第 1 和第 2 块背板愈合为第 1+2 合背板,背板两侧为相应的背板所压盖,背板上密生细长黑色心鬃和缘鬃,但排列不规则,末端细长,基部宽,后表面周围被黑毛。

雌(图 3-9K~L):雌性成虫与雄性相似,体黑色,比雄性略大;额宽为复眼的 1.7 倍,侧颜略窄于触角第三节,触角第三节为第二节长的 2 倍,腹部末端略钝。

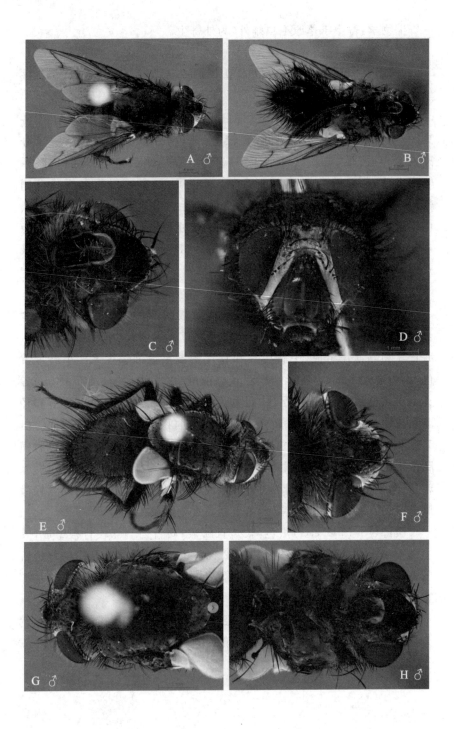

图 3-9　草原毛虫寄生蝇成虫外部形态

A～J:雄性;K～L 为雌性。A:雄性整体背面观;B:雄性整体腹面观;C:雄性
头部腹面观;D:雄性头部正面观;E:雄性头、胸、腹背面观;F:雄性头部背面观;
G:雄性头、胸背面观;H:雄性头、胸腹面观;I:雄性腹部背面观;
J:雄性腹部腹面观;K:雌性腹部腹面观;L:雌性整体背面观

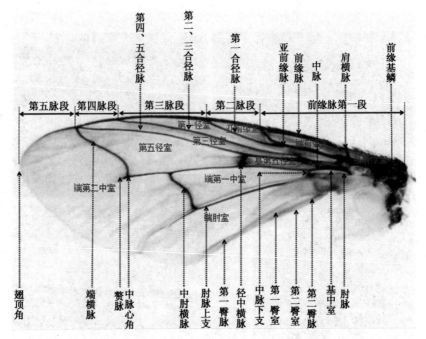

图 3-10　草原毛虫寄生蝇翅的形态构造

③形态学鉴定结果

根据《中国动物志 昆虫纲 双翅目 寄蝇科》(赵建铭等,2001)中追寄蝇亚科(Exoristinae)追寄蝇族的属分类检索表(表 3-15)和种分类检索表(表 3-16),本书的草原毛虫寄生蝇与鬃堤寄蝇属(*Chaetogena*)草毒蛾鬃堤寄蝇(*Chaetogena gynaephorae*)形态特征相近,故认为本书采集的寄生蝇为草毒蛾鬃堤寄蝇,且在本书后面部分均采用该种名。

表 3-15　追寄蝇族属分类检索表(赵建铭等,2001)

1(14)后头上半部在眼后鬃后方无黑毛

2(5)颜堤鬃上升不越过颜堤高度之半

3(4)头部每侧具内侧额鬃 2 根,额鬃向前交叉排列,单眼鬃发达,髭位于口缘上方水
　　平 ·· 追寄蝇属 *Exorista*

4(3)头部每侧具内侧额鬃1(♂)或2根,额鬃向后方伸展,单眼鬃细小或缺如,髭位
　　于口缘水平 ·· 新怯寄蝇属 *Neophryxe*

5(2)颜堤鬃上升达颜堤上方的1/3

6(11)后头显著向后方拱起,髭位于口缘上方水平

7(8)复眼裸,腹部第2、4背格各具一对黑色亮斑,腹部腹面黑色··················
　　··· 斑腹寄蝇属 *Maculosalia*

8(7)复眼被毛,腹部无黑色亮斑

9(10)中肘横脉与肘脉在端部1/4或1/5处交接;喙具肥大唇瓣,口盘约与中喙等
　　长,下颚须粗大,扁 ································ 奥蜉寄蝇属 *Austrophorocera*

10(9)中肘横脉与肘脉在端部1/3处交接,唇瓣小,口盘长度不越过中喙长的1/3,
　　下颚须中等大小或较细 ······················· 鬃堤寄蝇属 *Chaetogena*

11(6)后头平,髭位于口缘同一水平,触角芒第2节延长,为其宽度的4~5倍,小盾
　　端鬃交叉翘起

12(13)R₅室具长柄,中肘横脉上方的愈合点在R₅室中部,下方的愈合点在肘脉的
　　部,额宽大于复眼宽(♂、♀),额鬃短小,下降至新月片水平,内侧额鬃不明
　　显,具外侧额鬃1根,触角芒基半部显著加粗,端半部急剧变细 ···············
　　···································· 阿洛寄蝇属 *Alloprosopaea*

13(12)R₅室开放,中肘横脉与R₅室交接处略靠近心角,额鬃和内侧额鬃正常·····
　　··· 蚤寄蝇属 *Phorinia*

14(1)后头上半部在眼后鬃的后方有黑毛

15(16)复裸眼,单眼鬃位于前单眼同一水平,中肘横脉位于R₅室中部,愈合点与心
　　角和径中横脉的距离大致相等;小盾心鬃细小或缺如,触角芒在延长的第二
　　节后部略呈膝状弯曲 ······················· 盆地寄蝇 *Bessa*

16(15)复眼被毛,单眼鬃位于前眼后方,后头略向前方拱起,中肘横脉靠近中脉心
　　角,触角芒第二节较短,其长度最多不越过其直径的2倍,直

17(20)整个腹部覆满粉被,闪现灰白色光斑,沿各背板后缘无黑色横带,第五背板后
　　端沿背中线拱起(♀),左右略扁,胸部及腹部的毛细长,鬃粗大

18(19)侧额毛下降至侧颜,一般不越过第一根额鬃,背中鬃3+4,翅内鬃0(1)+3,
　　腹部无心鬃。♀后腹部正常 ················· 毒蛾寄蝇属 *Parasetigena*

19(18)背中鬃3+3,翅内鬃0+3,腹部具心鬃,♀后腹部腹板呈角状 ···············
　　··· 蜉寄蝇属 *Phorocera*

20(17)腹部各背板沿后缘无粉被,各形成一条黑色横带,♀第五背板正常,胸部和腹
　　部的毛和鬃均较短粗,腹部第二、三背板仅具2根中缘鬃 ·····················
　　··· 刺蛾寄蝇属 *Chaetexorista*

表 3-16　鬃堤寄蝇属种分类检索表(赵建铭等,2001)

1(2)中肘横脉位于中室内中部或更靠近基部,口缘显著向前突出,中颜板微微凹陷,

　　♂肛尾叶近于长方形,略向末端变窄,后表面深深凹陷呈槽状,被黄毛 ………

　　………………………… 槽肛草毒蛾鬃堤寄蝇 *Chaetogena acuminata*

2(1)中肘横脉位于中室端部 1/3～2/5,中足胫节常具 3 根前背鬃

3(8)背中鬃 3+3

4(5)腹部第三和第四背板无中心鬃(有时在第四背板上出现 1 根不规则的中心鬃),

　　前缘刺不明显,♂外顶鬃不发达,侧颜上宽下窄,中部与触角第 3 节等宽或略窄

　　于后者,前缘脉第 2 脉段为第三脉段的 1/2,口孔与中颜板呈垂直面,由口缘至

　　触角第三节末端的间隔小于触角第二节的长度,♂肛尾叶扁桃形,后表面被黄

　　褐色细毛 ……………………… 中形草毒蛾鬃堤寄蝇 *Chaetogena media*

5(4)腹部第三、四背板具稳定的中心鬃,虽有时排列不规则,♂具发达的外顶鬃,前

　　缘刺发达,至少与 r-m 脉等长

6(7)中肘横脉和端横脉两侧缘具轻微黑晕,r-m 脉上有 1 黑色斑,前缘刺略长于 r-m

　　脉,下颚须黑色,触角全部黑色,第三节显著宽于侧颜,肛尾叶心脏形,末端细

　　长,尖,基部宽,后表面周围被黑毛,中央凹陷部分被黄色毛………………

　　………………………… 草毒蛾草毒蛾鬃堤寄蝇 *Chaetogena gynaephorae*

7(6)中肘横脉和端横脉两侧无黑晕,r-m 脉上无黑斑,前缘翅特长,至少为 r-m 脉的

　　2 倍,下颚须黄色,触角第一、二节黄色或污黄色,第三节显著窄于侧颜 ………

　　………………………………… 缘刺草毒蛾鬃堤寄蝇 *Chaetogena fasciata*

8(3)背中鬃 3+4,体表粉被灰白色,颊高小于复眼纵轴的 1/4,腹部第三、四背板无

　　中心鬃,由心角至翅后缘距离为由心角至中心肘横脉之间距离的 2.2 倍左右,

　　与端横脉的长度大致相等,前缘翅不发达,侧颜与触角第三节大致等宽,触角芒

　　基的 2/5～1/2 加粗　………… 托峰草毒蛾鬃堤寄蝇 *Chaetogena tuomuerensis*

　　(2)分子生物学鉴定

　　①碱基组成与替换。

　　用 Mega6.0 对寄蝇科比对物种的 COI 进行碱基分析,碱基平均组成如表 3-17 所示。A＝30.6%,T＝39.9%,C＝15.0%,G＝14.5%,AT 含量显著高于 GC 含量,说明寄蝇科比对物种 COI 基因具有明显的 AT 偏向性;第一位点 A＝45.3%,T＝43.0%,C＝8.3%,G＝3.6%;第二位点 A＝27.5%,T＝34.0%,C＝13.4%,G＝25.6%;第三位点 A＝19.2%,T＝43.0%,C＝23.3%,G＝14.3%。其中,第一位点 A＋T 含

量最高,为 88.3%,说明第一位点变异性最高,第二、三位点相对保守,所有寄蝇科比对物种碱基组成比率如表 3-17 所示;所有比对物种的 COI 基因共有 327 个碱基位点,其中变异位点(Varoable sites)219 个,占总碱基位点的 70.0%,保守位点(Conserved sites)108 个,占总碱基位点的 33.0%,简约信息位点(Parsimony informative sites)65 个,占总碱基位点的 19.9%,自裔位点(Singleton sites)154 个,占总碱基位点的 47.1%。

寄蝇科比对物种 COI 基因碱基替换频率统计结果显示(表 3-18),第一位点的碱基替换频率高于第二、三位点,第一、三位点的颠换频率显著高于转换,第二位点的转换频率略高于颠换。

②NCBI 相似序列比对分析。

将测序所得的草毒蛾鬃堤寄蝇(*Chaetogena gynaephorae*)COI 基因在 NCBI 数据库中进行 Blast。比对结果显示(表 3-19),*Chaetogena gynaephorae* COI 基因与寄蝇科(Tachinidae)2 亚科 3 族 9 属 22 种昆虫的 125 条序列具有较高的相似度,其中,比对到追寄蝇亚科(Exoristinae)的昆虫为 2 个族,分别为追寄蝇族(Exoristini)和埃里寄蝇族(Eryciini),比对到寄蝇亚科的昆虫仅为 1 个族,即寄蝇族(Tachinini);追寄蝇族共包含 6 个属,分别为追寄蝇属(*Exorista*)、毒蛾寄蝇属(*Parasetigena*)、蜉寄蝇属(*Phorocera*)、*Gueriniopsis* 属、*Chetogena* 和 *Tachinomyia* 属,其中比对到 *Chetogena* 属的序列最多,为 84 条,占总比对到序列的 67.7%;埃里寄蝇族包含 1 个属,为狭颊寄蝇属(*Carcelia*);寄蝇族包含 2 个属,分别为 *Paradejeania* 属和 *Peleteria* 属。在基于 COI 基因的比对序列中(图 3-11),*Chaetogena gynaephorae* COI 基因与寄蝇科的 *Chetogena* 属的未知种(*Chetogena* sp.)COI 基因相似度最高,为 97%。*Chaetogena gynaephorae* COI 基因与 NCBI 数据库中 *Chetogena* 属寄蝇相似序列最多,且与 *Chetogena* 属寄蝇 COI 基因序列相似度最高,进一步证实本书采集到的草原毛虫寄生蝇种类为寄蝇科的昆虫。

表3-17 寄蝇科比对物种的 COI 基因碱基组成比率/%

比对物种	T(U)	C	A	G	T-1	C-1	A-1	G-1	T-2	C-2	A-2	G-2	T-3	C-3	A-3	G-3
Carcelia sp.	39.9	16.9	28.2	15.0	43.0	11.0	43.1	2.8	33.0	13.9	25.0	27.8	43.0	25.7	16.5	14.7
Chetogena gelida	40.7	14.4	30.9	14.1	40.0	9.2	46.8	3.7	38.0	11.0	26.6	24.8	44.0	22.9	19.3	13.8
Chetogena tessellata	40.4	14.1	30.9	14.7	42.0	6.4	47.7	3.7	35.0	12.8	25.7	26.6	44.0	22.9	19.3	13.8
Exorista larvarum	40.7	15.3	29.1	15.0	43.0	8.3	44.0	4.6	36.0	11.9	25.7	26.6	43.0	25.7	17.4	13.8
Gueriniopsis setipes	42.2	14.7	29.7	13.5	47.0	8.3	43.1	1.8	36.0	12.8	26.6	24.8	44.0	22.9	19.3	13.8
Paradejeania rutilioides	41.0	14.7	30.0	14.4	45.0	6.4	45.0	3.7	32.0	14.7	27.5	25.7	46.0	22.9	17.4	13.8
Parasetigena silvestris	41.0	15.0	30.6	13.5	43.0	9.2	45.9	1.8	35.0	12.8	27.5	24.8	45.0	22.9	18.3	13.8
Peleteria aenea	39.8	13.5	30.9	15.9	41.0	4.6	48.6	5.5	33.0	13.8	25.7	27.5	45.0	22.0	18.3	14.7
Phorocera obscura	42.5	14.4	29.1	14.1	47.0	7.3	43.1	2.8	36.0	12.8	25.7	25.7	45.0	22.9	18.3	13.8
Tachinomyia nigricans	40.1	15.6	29.7	14.7	42.0	9.2	45.0	3.7	33.0	14.7	25.7	26.6	45.0	22.9	18.3	13.8
Chaetogena gynaephorae	31.2	16.2	38.2	14.4	38.0	11.0	45.9	5.5	23.0	15.6	40.4	21.1	33.0	22.0	28.4	16.5
平均值	39.9	15.0	30.6	14.5	43.0	8.3	45.3	3.6	34.0	13.4	27.5	25.6	43.0	23.3	19.2	14.2

表 3-18　寄蝇科比对物种 COI 基因序列核苷酸对频率平均值

范围	ii	si	sv	R	TT	TC	TA	TG	CC	CA	CG	AA	AG	GG	合计
平均值	266	25	36	0.71	109	15	24	4	38	5	2	80	10	39	326.82
1st	81	9	19	0.45	35	6	17	1	5	2	0	39	3	2	109.00
2nd	91	10	9	1.15	31	5	4	2	11	2	1	24	5	24	108.82
3rd	94	7	8	0.91	42	5	3	2	21	2	1	17	2	13	109.00

ii＝Identical Pairs,si＝Transitionsal Pairs,sv＝Transversional Pairs,R＝si/sv

表 3-19　草毒蛾鬃堤寄蝇 COI 基因在 NCBI 数据库中的比对结果

亚科	族	属	种	匹配的序列数
Exoristinae	Exoristini	Chetogena	*Chetogena tschorsnigi*	1
			Chetogena tessellata	2
			Chetogena gelida	1
			Chetogena sp.	80
		Tachinomyia	*Tachinomyia nigricans*	4
		Phorocera	*Phorocera obscura*	6
			Phorocera grandis	2
			Phorocera assimilis	3
			Phorocera slossonae	8
			Phorocera sp.	1
		Exorista	*Exorista larvarum*	2
			Exorista deligata	3
			Exorista bisetosa	1
			Exorista doddi	1
			Exorista ladelli	1
			Exorista globosa	1
		Gueriniopsis	*Gueriniopsis setipes*	1
		Parasetigena	*Parasetigena silvestris*	3
			Parasetigena bicolor	1
	Eryciini	Carcelia	*Carcelia* sp.	1
Tachininae	Tachinini	Peleteria	*Peleteria aenea*	1
		Paradejeania	*Paradejeania rutilioides*	1
合计	3	9	22	125

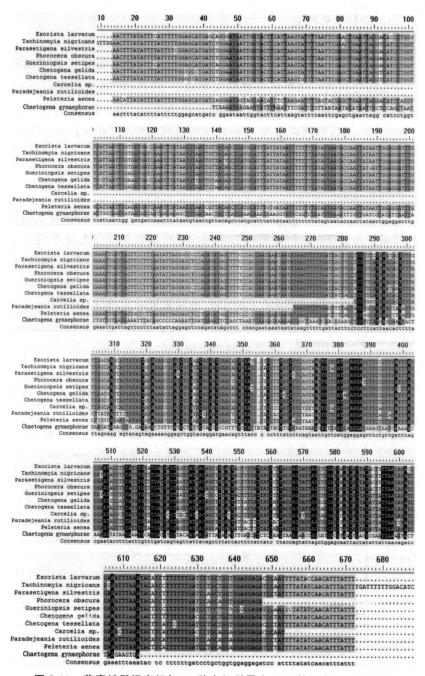

图 3-11　草毒蛾鬃堤寄蝇与 10 种寄蝇科昆虫 COI 基因序列比对结果

（3）系统发育研究

①遗传距离分析。

草毒蛾鬃堤寄蝇（*Chetogena gynaephorae*）及其寄蝇科其他物种 COI 基因之间的遗传距离计算结果如表 3-20 所示，*Chetogena gynaephorae* 与 *Chetogena gelida* 遗传距离最小为 0.052，与 *Paradejeania rutilioides* 遗传距离最大为 0.163，说明进化过程中 *Chetogena gynaephorae* 与 *Chetogena gelida* 亲缘关系最近，与 *Paradejeania rutilioides* 亲缘关系最远。

②系统发育树分析

基于 *Chetogena gynaephorae* 与寄蝇科其他 10 个物种 COI 基因构建的系统发育 N～J 树如图 3-12 所示，所有的聚类分支支持率均大于 70%，说明构建的 N～J 树可信度较高，可作为物种分类与系统发育研究的依据。寄蝇亚科寄蝇族的两种昆虫 *Paradejeania rutilioide* 和 *Peleteria aenea* 从寄蝇科其他物种中分离出来，单独形成一支，说明 *Paradejeania rutilioide* 和 *Peleteria aenea* 与其他物种的亲缘关系较远；*Chetogena gynaephorae* 先后与 *Chetogena* 属的两个物种 *Chetogena gelida* 和 *Chetogena tessellata* 聚为一支，且聚类关系为（*Chetogena tessellata* ＋（*Chetogena* sp. ＋ *Chetogena gelida*）），表明 *Chetogena gynaephorae* 与 *Chetogena* 属寄蝇亲缘关系较近。

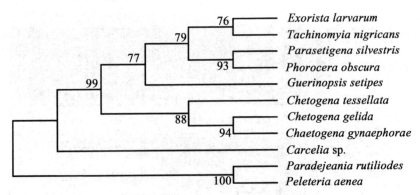

图 3-12　基于 COI 基因构建的寄生蝇系统发育 N～J 树

表 3-20　基于寄蝇科 COI 基因的遗传距离矩阵

寄蝇科比对物种	Carcelia sp.	Chetogena gelida	Chetogena tessellata	Exorista larvarum	Gueriniopsis setipes	Paradejeania rutilioides	Parasetigena silvestris	Peleteria aenea	Phorocera obscura	Tachinomyia nigricans	Chaetogena gynaephorae
Carcelia sp.											
Chetogena gelida	0.161										
Chetogena tessellata	0.131	0.068									
Exorista larvarum	0.153	0.106	0.099								
Gueriniopsis setipes	0.149	0.095	0.074	0.102							
Paradejeania rutilioides	0.168	0.175	0.160	0.183	0.179						
Parasetigena silvestris	0.138	0.081	0.067	0.068	0.074	0.168					
Peleteria aenea	0.160	0.168	0.130	0.172	0.172	0.102	0.168				
Phorocera obscura	0.127	0.088	0.071	0.068	0.084	0.156	0.031	0.164			
Tachinomyia nigricans	0.138	0.106	0.074	0.071	0.074	0.183	0.051	0.172	0.054		
Chaetogena gynaephorae	0.136	0.052	0.055	0.085	0.082	0.163	0.061	0.143	0.070	0.082	

3.2.2 三江源草原毛虫金小蜂和草毒蛾鬈堤寄蝇自然寄生率调查结果与分析

3.2.2.1 三江源草原毛虫金小蜂自然寄生率调查结果与分析

(1)三江源草原毛虫金小蜂自然寄生率调查结果

2015～2019 年,6 个调查样地的三江源草原毛虫金小蜂自然寄生率为 9.2%～25.0%。其中,2015 年 3# 样地自然寄生率最小,为 9.2%;2016 年 3# 样地自然寄生率最大,为 25.0%(表 3-21)。三江源草原毛虫金小蜂自然寄生率调查原始数据见附录 V。2015～2019 年三江源草原毛虫金小蜂自然寄生率变化趋势如图 3-13 所示,6 个样地的三江源草原毛虫金小蜂自然寄生率总体呈逐年波动趋势。

表 3-21　2015～2019 年三江源草原毛虫金小蜂自然寄生率调查结果

调查样地	寄生率/%				
	2015 年	2016 年	2017 年	2018 年	2019 年
1#	18.9±5.2	23.3±4.1	21.0±3.6	22.4±3.7	17.3±4.0
2#	14.5±5.9	21.3±3.0	19.8±3.7	20.5±2.4	16.3±4.6
3#	9.2±4.5	25.0±3.3	19.7±4.2	20.5±4.3	23.3±6.3
4#	20.6±2.3	10.4±3.9	17.3±1.0	15.7±2.6	18.6±1.3
5#	11.3±3.2	22.8±3.2	18.4±4.1	19.1±3.4	13.3±3.0
8#	21.4±3.0	17.8±3.8	21.9±2.8	19.8±5.5	16.3±3.9

注:表中数据为平均值±标准误差。

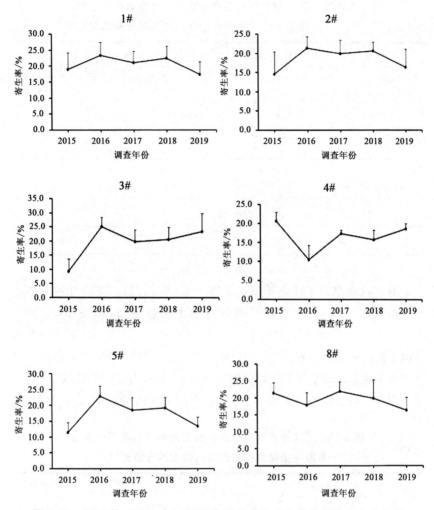

图 3-13 2015 年～2019 年三江源草原毛虫金小蜂自然寄生率变化趋势

（2）三江源草原毛虫金小蜂自然寄生率与草原毛虫种群密度相关性分析

利用 Spss 22.0 软件对三江源草原毛虫金小蜂自然寄生率（表 3-21）与当年的草原毛虫种群密度之间（表 2-2）进行皮尔森相关系数分析，如表 3-22 所示。2015～2019 年，三江源草原毛虫金小蜂自然寄生率与当年的草原毛虫种群密度之间的相关系数关系均不显著（$P>0.05$）。

表 3-22　三江源草原毛虫金小蜂自然寄生率与当年的
草原毛虫种群密皮尔森相关系数分析结果

调查时间		皮尔森相关系数	P
三江源草原毛虫金小蜂 *Pteromalus sanjiangyuanicus*	草原毛虫 *Gynaephora*		
2015 年	2015 年	0.305	0.556
2016 年	2016 年	−0.664	0.150
2017 年	2017 年	−0.666	0.149
2018 年	2018 年	−0.822	0.055
2019 年	2019 年	0.240	0.647

对三江源草原毛虫金小蜂自然寄生率(表 3-21)与下一年的草原毛虫种群密度之间(表 2-2)进行皮尔森相关系数分析,如表 3-23 所示。2015 年的三江源草原毛虫金小蜂自然寄生率与 2016 年的草原毛虫种群密度之间的相关性不显著($P>0.05$);2016 年、2017 年和 2018 年的三江源草原毛虫金小蜂自然寄生率分别与下一年(2017 年、2018 年和 2019 年)的草原毛虫种群密度之间均具有显著的负相关系数关系($P<0.05$)。

表 3-23　三江源草原毛虫金小蜂自然寄生率与下一年的
草原毛虫种群密皮尔森相关系数分析结果

调查时间		皮尔森相关系数	P
三江源草原毛虫金小蜂 *Pteromalus sanjiangyuanicus*	草原毛虫 *Gynaephora*		
2015 年	2016 年	0.148	0.780
2016 年	2017 年	−0.871*	0.024
2017 年	2018 年	−0.743*	0.045
2018 年	2019 年	−0.894*	0.016

注:* 代表显著相关。

3.2.2.2　草毒蛾鬃堤寄蝇自然寄生率调查结果与分析

(1)草毒蛾鬃堤寄蝇自然寄生率调查结果

2015～2019 年,6 个调查样地的草毒蛾鬃堤寄蝇自然寄生率为 0.7%～4.4%。其中,2017 年 2♯样地自然寄生率最小,为 0.7%; 2016 年 4♯样地自然寄生率最大,为 4.4%(表 3-24)。草毒蛾鬃堤寄蝇自然寄生率调查原始数据见附录Ⅴ。2015～2019 年,草毒蛾鬃堤寄蝇自然寄生率变化趋势如图 3-14 所示,6 个样地连续 5 年的草毒蛾鬃堤寄蝇自然寄生率均有不同程度的波动,其中,3♯和 4♯样地总体呈逐年波动趋势。

表 3-24　2015～2019 年草毒蛾鬃堤寄蝇自然寄生率调查结果

调查样地	寄生率/%				
	2015 年	2016 年	2017 年	2018 年	2019 年
1♯	3.5±1.6	3.5±1.4	1.0±0.9	1.0±0.9	1.3±1.2
2♯	1.4±1.4	3.6±1.4	0.7±0.7	1.9±1.2	2.3±1.5
3♯	2.5±2.4	2.6±1.1	1.4±1.4	2.0±1.3	1.7±1.6
4♯	3.5±1.1	4.4±2.8	1.2±0.3	2.6±0.7	1.7±0.7
5♯	2.7±1.8	2.5±1.2	1.1±1.1	2.7±1.7	2.5±1.7
8♯	3.1±1.5	0.8±0.8	0.9±0.9	1.8±1.7	2.3±1.4

注:表中数据为平均值±标准误差。

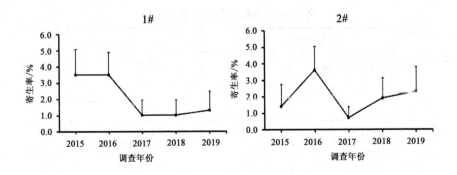

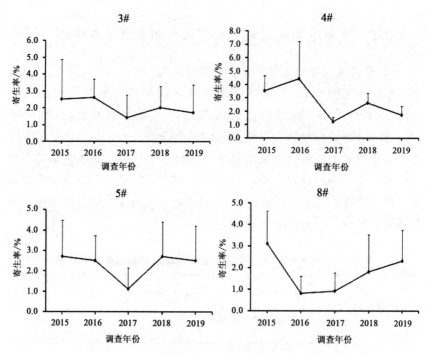

图 3-14 2015～2019 年草毒蛾鬃堤寄蝇自然寄生率变化趋势

(2)草毒蛾鬃堤寄蝇自然寄生率与草原毛虫种群密度相关性分析

利用 Spss 22.0 软件对草毒蛾鬃堤寄蝇自然寄生率(表 3-24)与当年的草原毛虫种群密度(表 2-2)进行皮尔森相关系数分析,如表 3-25 所示。2015～2019 年,草毒蛾鬃堤寄蝇自然寄生率与当年的草原毛虫种群密度之间的相关性均不显著($P>0.05$)。

表 3-25 草毒蛾鬃堤寄蝇自然寄生率与当年的草原毛虫
种群密皮尔森相关系数分析结果

调查时间		皮尔森相关系数	P
草毒蛾鬃堤寄蝇 *Chetogena* sp.	草原毛虫 *Gynaephora*		
2015 年	2015 年	0.400	0.432
2016 年	2016 年	0.669	0.146
2017 年	2017 年	0.371	0.469
2018 年	2018 年	0.497	0.316
2019 年	2019 年	−0.257	0.623

对草毒蛾鬃堤寄蝇自然寄生率(表 3-24)与下一年的草原毛虫种群密度(表 2-2)进行皮尔森相关系数分析,如表 3-27 所示。2015～2019年,草毒蛾鬃堤寄蝇自然寄生率与下一年的草原毛虫种群密度之间相关性均不显著(P＞0.05)。

表 3-26　草毒蛾鬃堤寄蝇自然寄生率与下一年的草原毛虫
种群密皮尔森相关系数分析结果

调查时间		皮尔森相关系数	P
草毒蛾鬃堤寄蝇 *Chetogena* sp.	草原毛虫 *Gynaephora*		
2015 年	2016 年	0.310	0.549
2016 年	2017 年	0.552	0.256
2017 年	2018 年	0.510	0.302
2018 年	2019 年	0.526	0.284

3.2.2.3　三江源草原毛虫金小蜂和草毒蛾鬃堤寄蝇总自然寄生率调查结果与分析

(1)三江源草原毛虫金小蜂和草毒蛾鬃堤寄蝇总自然寄生率调查结果

2015～2019 年,6 个调查样地的三江源草原毛虫金小蜂和草毒蛾鬃堤寄蝇总自然寄生率为 13.3％～26.8％。其中,2015 年 3♯样地总自然寄生率最小,为 13.3％;2016 年 1♯样地总自然寄生率最大,为 26.8％(表 3-27)。三江源草原毛虫金小蜂和草毒蛾鬃堤寄蝇总自然寄生率调查原始数据见附录Ⅴ。2015～2019 年,三江源草原毛虫金小蜂和草毒蛾鬃堤寄蝇总自然寄生率变化趋势如图 3-15 所示,6 个调查样地三江源草原毛虫金小蜂和草毒蛾鬃堤寄蝇总自然寄生率总体呈逐年波动趋势。

表 3-27 2015～2019 年三江源草原毛虫金小蜂和
草毒蛾鬃堤寄蝇总自然寄生率调查结果

调查样地	寄生率/%				
	2015 年	2016 年	2017 年	2018 年	2019 年
1#	24.5±6.0	26.8±4.6	22.0±3.7	23.4±3.8	18.6±4.3
2#	16.0±6.3	24.9±3.3	20.5±3.9	22.4±2.6	18.6±5.4
3#	13.3±6.6	23.9±4.3	21.2±4.7	22.5±4.9	25.0±6.8
4#	24.1±2.9	14.9±4.8	18.5±1.1	18.3±2.5	20.2±1.5
5#	13.9±4.3	25.2±3.5	19.5±4.3	21.8±4.3	15.8±3.7
8#	24.6±3.4	18.7±3.9	22.8±2.8	21.6±6.0	18.6±4.1

注:表中数据为平均值±标准误差。

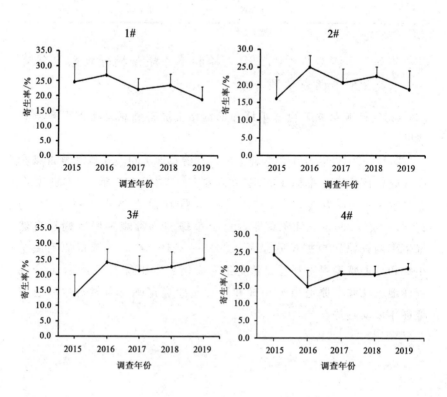

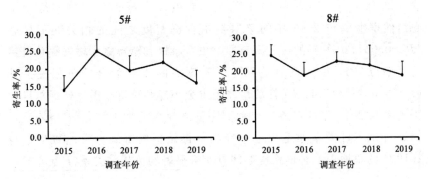

图 3-15　2015 年～2019 年三江源草原毛虫金小蜂和草毒蛾鬃堤寄蝇总自然寄生率变化趋势

（2）三江源草原毛虫金小蜂和草毒蛾鬃堤寄蝇总自然寄生率与草原毛虫种群密度相关性分析

利用 Spss 22.0 软件对三江源草原毛虫金小蜂和草毒蛾鬃堤寄蝇总自然寄生率（表 3-27）与当年的草原毛虫种群密度（表 2-2）进行皮尔森相关系数分析，如表 3-28 所示。2015～2019 年，三江源草原毛虫金小蜂和草毒蛾鬃堤寄蝇总自然寄生率与草原毛虫种群密度之间的相关关系均不显著（$P>0.05$）。

表 3-28　三江源草原毛虫金小蜂和草毒蛾鬃堤寄蝇总自然寄生率与当年的草原毛虫种群密皮尔森相关系数分析结果

调查时间		皮尔森相关系数	P
寄生天敌昆虫 *Parasitic enemy insect*	草原毛虫 *Gynaephora*		
2015 年	2015 年	0.305	0.556
2016 年	2016 年	−0.644	0.167
2017 年	2017 年	−0.646	0.166
2018 年	2018 年	−0.866	0.054
2019 年	2019 年	0.208	0.692

对三江源草原毛虫金小蜂和草毒蛾鬃堤寄蝇总自然寄生率（表 3-27）与下一年的草原毛虫种群密度（表 2-2）进行皮尔森相关系数分析，如

表 3-29 所示。2015 年的三江源草原毛虫金小蜂和草毒蛾鬃堤寄蝇总自然寄生率与 2016 年的草原毛虫种群密度之间的相关性不显著（$P>0.05$）；2016 年的三江源草原毛虫金小蜂和草毒蛾鬃堤寄蝇总自然寄生率与 2017 年的草原毛虫种群密度之间具有显著的负相关关系（$P<0.05$）；2017 年的三江源草原毛虫金小蜂和草毒蛾鬃堤寄蝇总自然寄生率与 2018 年的草原毛虫种群密度之间相关性不显著（$P>0.05$）；2018 年的三江源草原毛虫金小蜂和草毒蛾鬃堤寄蝇总自然寄生率与 2019 年的草原毛虫种群密度之间具有极显著的负相关关系（$P<0.01$）。

表 3-29　三江源草原毛虫金小蜂和草毒蛾鬃堤寄蝇总自然寄生率与
下一年的草原毛虫种群密皮尔森相关系数分析结果

调查时间		皮尔森相关系数	P
寄生天敌昆虫 Parasitic enemy insect	草原毛虫 Gynaephora		
2015 年	2016 年	0.168	0.751
2016 年	2017 年	−0.826*	0.043
2017 年	2018 年	−0.701	0.121
2018 年	2019 年	−0.947**	0.004

注：* 代表显著相关；** 代表极显著相关。

3.2.3　被三江源草原毛虫金小蜂寄生的草原毛虫蛹性别比调查结果与分析

如表 3-30 所示，3 个调查样地（1♯、2♯、3♯）被三江源草原毛虫金小蜂寄生的草原毛虫蛹性别比（♂：♀）分别为 10.3：1、3.6：1、6：1。卡方检验结果显示见表 3-31。3 个调查样地被三江源草原毛虫金小蜂寄生的草原毛虫蛹性别比（♂：♀）与期望性别比（1：1）均存在极显著差异（$P<0.01$），表明被三江源草原毛虫金小蜂寄生的雄性草原毛虫蛹比例显著大于雌性蛹，即三江源草原毛虫金小蜂对寄主草原毛虫蛹具有偏雄性寄生特征，草原毛虫雄性蛹和雌性蛹的形态如图 3-16 所示。

表 3-30   被三江源草原毛虫金小蜂寄生的草原毛虫蛹性别比

调查样地	草原毛虫蛹总数量	被寄生的毛虫雄性蛹数量	被寄生的毛虫雌性蛹数量	被寄生的毛虫蛹性别比（♂：♀）
1#	200	41	4	10.3：1
2#	200	32	9	3.6：1
3#	200	36	6	6：1

表 3-31   被三江源草原毛虫金小蜂寄生的草原毛虫蛹

性别比卡方检验（χ^2 检验）结果

调查样地	χ^2	P
1#	30.422	＜0.01
2#	12.902	＜0.01
3#	21.429	＜0.01

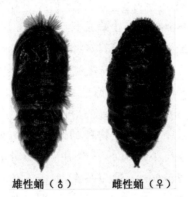

雄性蛹（♂）　　　雌性蛹（♀）

图 3-16   草原毛虫雄性蛹（♂）和雌性蛹（♀）

3.3   结论与讨论

3.3.1   草原毛虫寄生天敌昆虫种类鉴定与系统发育分析

随着我国草原毛虫的危害受到生物防控工作者的重视,关于草原毛虫的种类鉴定与分类学研究已有不少报道。在我国青藏高原高寒草甸先后发现 8 种草原毛虫,且均属于青藏高原特有种。但是,至今关于草原毛虫寄生天敌昆虫的种类鉴定与分类学研究还比较少。阚绪甜(2016)在玉树州境内采集到一种草原毛虫寄生蝇,并鉴定为鬃堤寄蝇属的未知种。本研究在玉树州高寒牧区发现了两种形态的草原毛虫蛹期寄生天敌,即草原毛虫寄生蜂与寄生蝇,并在形态学观察的基础上,结合其 COI 基因标记,对这两个物种进行了鉴定。鉴定结果显示,寄生于草原毛虫蛹内的寄生蜂为金小蜂科的新种,命名为三江源草原毛虫金小蜂(*Pteromalus sanjiangyuanicus*),寄生于草原毛虫蛹外的寄生蝇为草毒蛾鬃堤寄蝇(*Chaetogena gynaephorae*)。

小蜂总科与其他总科的昆虫相比形态更加多样,这导致不同学者对小蜂科分类产生较大的分歧。1833 年,英国人 Francis Walker 把小蜂总科分为两大类,即 Pentameri 和 Tetrameri;瑞典人 Carl Gustaf Thomson 把所有的小蜂种类归于金小蜂科(Pteromalidae),科下分为两大部(Microcentri 和 Macrocentri),共 18 个族;Howard 把小蜂科命名为"Chalcididae",并将其分为 19 个亚科(黄大卫和肖晖,2005)。本书研究对三江源草原毛虫金小蜂与小蜂总科 5 科 9 属 10 种寄生蜂 COI 基因遗传距离分析结果显示,*Pteromalus sanjiangyuanicus* 与 *Philocaenus barbarus* 遗传距离最小,揭示在进化过程中,*Pteromalus sanjiangyuanicus* 与 *Philocaenus barbarus* 亲缘关系最近。系统发育树聚类结果显示,广肩小蜂科 *Eurytoma* sp. 从小蜂总科其他物种中分离出来,单独形成一支,说明 *Eurytoma* sp. 与其他物种的亲缘关系较远;*Pteromalus sanjiangyuanicus* 先后与金小蜂科的三个种 *Apocrypta* sp.、*Diaziella bizarrea*、*Philocaenus barbarus* 聚为一支,且与(*Philocaenus barbarus* +(*Apocrypta* sp. + *Diaziella bizarrea*))形成姊妹群,表明 *Pteromalus sanjiangyuanicus* 与金小蜂科昆虫的亲缘关系较近,间接支持了形态学鉴定结果。

关于寄蝇科的分类鉴定,由于早期的一些研究者对寄蝇复杂的形态特征认知不足,导致所建立的分类阶元不恰当。20 世纪初,寄蝇科被一些分类学家分为大约 60 个不同的科,实际上这些科还不及一般亚科的等级。1931 年,Erwin Lindner 把有瓣蝇类中具有下侧片鬃者统统纳入寄蝇科;1954 年,Charles 除将夜蝇亚科(Eginiinae)归入蝇科(Muscidae)外,还将麻蝇亚科(Sarcophaginae)、短角寄蝇亚科(Rhinophorinae)、丽蝇亚科

(Calliphorinae)、长足寄蝇亚科(Dexiinae)和寄蝇亚科(Tachininae)升级
为科分类阶元;现代寄蝇分类学家则将有瓣蝇类中具有下侧片鬃并同时
具有发达的后小盾片的寄生性蝇类均纳入寄蝇科(赵建铭等,2001)。本
研究对 *Chaetogena gynaephorae* 与寄蝇科 9 属 10 种寄生蝇 COI 基因
遗传距离分析结果显示,*Chaetogena gynaephorae* 与 *Chetogena gelida*
遗传距离最小,说明在进化过程中 *Chaetogena gynaephorae* 与 *Chet-
ogena gelida* 亲缘关系最近。系统发育树聚类结果显示,寄蝇亚科寄蝇
族的两种昆虫 *Paradejeania rutilioide* 和 *Peleteria aenea* 从寄蝇科其
他物种中分离出来,单独形成一支,说明 *Paradejeania rutilioide* 和
Peleteria aenea 与其他物种的亲缘关系较远;*Chaetogena gynaephorae*
先后与追寄蝇亚科 *Chetogena* 属的两个物种 *Chetogena gelida* 和 *Chet-
ogena tessellata* 聚为一支,且聚类关系为(*Chetogena tessellata* ＋
(*Chetogena* sp. ＋ *Chetogena gelida*)),表明 *Chaetogena gynaephorae*
与 *Chetogena* 属寄蝇亲缘关系较近,进一步支持了形态学鉴定结果。

3.3.2　草原毛虫寄生天敌昆虫与寄主之间的相互作用关系

　　寄生天敌与寄主之间相互作用关系的研究是害虫生物防控的理
论基础。曾经,国内外生防工作者普遍认为害虫生物防控成功的关键
在于寄生天敌的空间聚集所导致的寄生率与寄主密度的正相关关系。
后来这种观点又被很多科研工作者否定,认为寄生天敌与寄主密度的
正相关关系不是害虫生物防控的必要条件,在没有这种正相关关系的
情况下,也能取得生物防控的成功(Reeve and Murdoch,1985;Smith
and Maelzer,1986;王问学等,1989)。笔者认为,对于寄生天敌与寄主
之间的相关关系分析,研究目的和调查顺序至关重要,如果是为了研究
寄生天敌对寄主的抑制作用,那么应该先调查寄主的种群数量,后调查
寄生天敌的种群数量;如果是为了研究寄主对寄生天敌的影响,那么就
应该先调查寄主的种群数量,后调查寄生天敌的种群数量。一般情况
下,种群密度是天敌与害虫种群动态关系研究中的调查指标,但对于三
江源草原毛虫金小蜂和草毒蛾鬃堤寄蝇这样具有飞翔能力的寄生性天
敌来说,不仅种群数量的调查工作较为困难,而且它们的种群数量和种
群密度波动较大,因此不能真实地反映它们与寄主之间的种群动态关

系。王问学等(1989)研究表明,寄生天敌昆虫的寄生率与寄生数量往往成正比例关系,因此可以利用天敌的寄生率替代寄生数量进行相关性分析。本研究对草原毛虫寄生天敌昆虫寄生率与草原毛虫种群密度相关分析结果显示,2015~2019 年,三江源草原毛虫金小蜂寄生率、草毒蛾鬃堤寄蝇寄生率及其三江源草原毛虫金小蜂和草毒蛾鬃堤寄蝇的总寄生率与当年的草原毛虫种群密度之间的相关关系均不显著,表明草原毛虫种群的逐年波动对草原毛虫寄生天敌昆虫种群影响较小;连续 3 年三江源草原毛虫金小蜂寄生率与下一年的草原毛虫种群密度之间具有显著的负相关关系,草毒蛾鬃堤寄蝇与下一年的草原毛虫种群密度之间的相关关系均不显著,表明三江源草原毛虫金小蜂对草原毛虫种群增长具有明显的抑制效应,而草毒蛾鬃堤寄蝇由于在寄主草原毛虫蛹中的自然寄生率较低,因此对草原毛虫种群增长的抑制效应较弱。

3.3.3　草原毛虫生物防控寄生天敌的选择

利用寄生天敌对害虫进行生物防控的首要任务是对寄生天敌进行大规模的扩繁。在寄生天敌扩繁之前还需对寄生天敌的种类进行调查,并评估每种寄生天敌昆虫对害虫的抑制效应。本书研究调查发现草原毛虫蛹期的寄生天敌昆虫为三江源草原毛虫金小蜂和草毒蛾鬃堤寄蝇,且三江源草原毛虫金小蜂的自然寄生率显著高于草毒蛾鬃堤寄蝇。草原毛虫寄生天敌昆虫寄生率与草原毛虫种群密度相关分析结果显示,三江源草原毛虫金小蜂对草原毛虫种群增长具有明显的抑制效应,而草毒蛾鬃堤寄蝇对草原毛虫种群增长的抑制作用不显著。综上所述,三江源草原毛虫金小蜂对寄主草原毛虫蛹具有较高的自然寄生率,对寄主草原毛虫种群增长抑制效应显著,是草原毛虫蛹期的优势寄生天敌,适合大规模扩繁并运用于草原毛虫的生物防控。

3.3.4　三江源草原毛虫金小蜂偏雄性寄生特征研究的意义

寄生天敌昆虫在寄生时,对寄主具有选择性特征(Goubault et al.,2004;King et al.,2006;张方平等,2017),而这种选择性又会受到诸多因素的影响,如寄主的体型大小(张方平等,2017),角质层厚度(Tanaka

et al.，1999)，运动状态(Monteith，1956)，化学信息素(Renou and Guer-
rero，2000)以及寄生天敌昆虫自身的学习能力(Monteith，1963；和晓波
等，2010)。为明确寄主体型大小对副珠蜡蚧阔柄跳小蜂(*Metaphycus
parasaissetiae*)产卵选择的影响，和晓波等(2010)在室内调查了副珠蜡
蚧阔柄跳小蜂在不同大小的橡副珠蜡蚧(*Parasaissetia nigra*)上的寄生
率。结果表明，在选择性和非选择性的产卵试验条件下副珠蜡蚧阔柄跳
小蜂偏向寄生中型个体寄主；寄主幼虫的运动、大小 、表皮颜色等视觉
刺激在波西米亚赘寄蝇(*Drinobohemica Mesm*)和双斑截尾寄蝇
(*Nemorilla maculosa*)的寄主搜索中起着主导作用(Monteith，1956；陈
海霞和罗礼智，2007)，从而影响了它们对寄主的寄生选择性；蚕饰腹寄
蝇(*Blepharipa zebina*)和利索寄蝇(*Lixophaga diatraeae*)通过嗅觉和
味觉感受器感知信息化合物来搜寻寄主(Roth et al.，1978；徐延熙等，
2007)；Monteith(1963)研究发现，波西米亚赘寄蝇具有一种学习和适应
能力，这种能力会影响到寄生蝇对寄主的选择性。本研究发现，三江源
草原毛虫金小蜂在寄主草原毛虫雄性蛹中的寄生比例是雌性蛹中的
3.6~10.3倍，表明三江源草原毛虫金小蜂对寄主具有偏雄性寄生特
征，这可能与草原毛虫雌雄蛹之间的免疫反应差异有关。Wang 等
(2020)对草原毛虫雌雄蛹之间的免疫转录组进行了比较分析，表明在雌
性蛹中大部分的免疫相关差异表达基因上调表达，这在一定程度上能够
反映雌雄蛹之间的免疫反应差异。此外，本研究在野外调查中发现，草
原毛虫雌性蛹内的三江源草原毛虫金小蜂子代数量约是雄性蛹的 3 倍，
揭示三江源草原毛虫金小蜂在草原毛虫雌性蛹内的繁殖能力大于雄性
蛹。因此，通过一些科学手段诱导三江源草原毛虫金小蜂寄生草原毛虫
雌性蛹，不仅能从根本上抑制草原毛虫繁殖能力，而且还能增加天敌的
种群数量，对于提高草原毛虫生物防控的效果具有重要的意义。

3.4　小　结

　　本书研究在草原毛虫蛹期筛选出两种适合应用到生物防控的寄生
天敌昆虫，并在其形态学观察的基础上，结合 COI 基因标记，对这两种
寄生天敌昆虫进行种类鉴定和进化过程中的系统发育研究。结果表明，

所采集的草原毛虫寄生蜂为金小蜂科的一个新种,命名为三江源草原毛虫金小蜂(*Pteromalus sanjiangyuanicus*),草原毛虫寄生蝇为寄蝇科鬃堤寄蝇属草毒蛾鬃堤寄蝇(*Chaetogena gynaephorae*)。三江源草原毛虫金小蜂与金小蜂科昆虫聚为一类,且与 *Philocaenus barbarus* 亲缘关系较近,草毒蛾鬃堤寄蝇与寄蝇科 *Chetogena* 属昆虫聚为一类,且与 *Chetogena gelida* 亲缘关系较近。

草原毛虫寄生天敌昆虫的自然寄生率的调查结果显示,2015～2019年,6 个调查样地三江源草原毛虫金小蜂的自然寄生率为 9.2%～25.0%,极显著高于草毒蛾鬃堤寄蝇(自然寄生率在 0.7%～4.4%,$P<0.01$)。连续 3 年三江源草原毛虫金小蜂自然寄生率与下一年的草原毛虫种群密度之间具有显著($P<0.05$)的负相关关系,表明三江源草原毛虫金小蜂对草原毛虫种群增长具有明显的抑制效应,是草原毛虫蛹期的优势寄生天敌,适合大规模扩繁并运用于草原毛虫的生物防控。被三江源草原毛虫金小蜂寄生的草原毛虫蛹性别比例调查结果显示,三江源草原毛虫金小蜂寄生的草原毛虫雄性蛹比例显著高于雌性蛹($P<0.05$),表明三江源草原毛虫金小蜂对寄主草原毛虫蛹具有偏雄性寄生特征。

第 4 章　草原毛虫生物防控研究

　　天敌昆虫与寄主之间相互依存、相互制约的对立统一关系是维持害虫与天敌种群动态平衡的关键(赵修复,1981)。当这种生态平衡被人为或外界因素打破,并向着有利于害虫的方向发展时,害虫的种群数量会在短时间内激增,最终引起灾害的暴发。利用寄生天敌进行害虫生物防控的目的就是人为增加天敌的种群数量,抑制害虫的种群增长,最终使天敌与害虫重新回到平衡状态,延续物种繁衍的同时,维持生态系统的相对稳定。在第 3 章的研究中发现,三江源草原毛虫金小蜂是草原毛虫蛹期的优势寄生天敌,对草原毛虫种群增长具有明显的抑制效应,因此本研究将三江源草原毛虫金小蜂作为草原毛虫生物防控的主要扩繁天敌,并就地取材利用草原毛虫作为扩繁寄主昆虫,在原生态环境条件下,通过采集及筛选饱满、完整的草原毛虫蛹,投放于在草场设计营造的适宜三江源草原毛虫金小蜂寄生、羽化和扩繁的"小气候",例如具有通风透气保湿保暖特征的叠放的薄石块、移植的独一味植株、用于扩繁的人工岛以及人工繁育巢等,通过这些"小气候"开展三江源草原毛虫金小蜂羽化出蜂、扩繁以及对草原毛虫的生物防治试验,并对三江源草原毛虫的扩繁效果以及三江源草原毛虫对草原毛虫的生物防控效果进行评估,为三江源草原毛虫金小蜂规模化扩繁以及草原毛虫生物防控技术进一步推广与应用提供参考依据。

4.1　材料与方法

4.1.1　三江源草原毛虫金小蜂扩繁研究

4.1.1.1　三江源草原毛虫金小蜂扩繁试验样地理位置

　　三江源草原毛虫金小蜂扩繁试验样地包括扩繁人工岛试验样地

和扩繁人工繁育巢试验样地。其中,扩繁人工岛试验样地位于玉树州高寒牧区的来拉山,地理坐标为 $97°47'11.44''E, 33°7'9.05''N$;扩繁人工繁育巢试验样地位于玉树州高寒牧区的嘉塘草原,地理坐标为 $97°28'13.10''E, 33°22'22.54''N$。三江源草原毛虫金小蜂扩繁试验样地地理位置如图 4-1 所示。

图 4-1   三江源草原毛虫金小蜂扩繁试验样地地理位置

4.1.1.2   试验区域划分

(1)三江源草原毛虫金小蜂扩繁人工岛试验样地划分

三江源草原毛虫金小蜂扩繁人工岛试验样地划分为薄石块小环境实验区和对照区以及疏松纤维网小环境实验区和对照区。薄石块小环境实验区面积约为 50 m×50 m,对照区面积约为 10 m×10 m,实验区和对照区之间相隔约 20 m;疏松纤维网小环境实验区面积约为 10 m×10 m,对照区面积约为 5 m×5 m,实验区和对照区之间相隔约 20 m。

(2)三江源草原毛虫金小蜂扩繁人工繁育巢试验样地划分

三江源草原毛虫金小蜂扩繁人工繁育巢试验样地划分为透光透气人工繁育巢 A 实验区、透气遮光防风人工繁育巢 B 实验区和对照区,每个实验区和对照区的面积均约为 10 m×10 m,且之间相隔约 20 m。

4.1.1.3　三江源草原毛虫金小蜂扩繁试验方法

野外调查发现,在草原毛虫的预蛹期,高龄幼虫会选择较为隐蔽、避光的薄石块及其独一味植株的大叶子下进行结茧化蛹,尤其在独一味植株的大叶子下,三江源草原毛虫金小蜂羽化出蜂率和出蜂量更高,其主要原因是独一味植株的大叶子紧贴草地,避光透气保湿保温性更好,能够为草原毛虫化蛹及其三江源草原毛虫金小蜂寄生、繁育提供较为适宜的"小气候"。以此为依据,本研究在三江源草原毛虫金小蜂和寄主草原毛虫共生的原生态环境条件下,构建适用于三江源草原毛虫金小蜂扩繁的人工岛和人工繁育巢。人工岛内较深的环形小沟以及疏松纤维网蓬松的开口腔室可为草原毛虫化蛹及其三江源草原毛虫金小蜂寄生、繁育提供隐蔽、透气、防风、保温、保湿作用的小环境。致密中空的球形透气壳可为草原毛虫化蛹及其三江源草原毛虫金小蜂寄生、繁育提供更为隐蔽、透气、防风、保温、保湿且避光的小环境。

(1)三江源草原毛虫金小蜂扩繁人工岛

扩繁人工岛整体为直径约 2.2 m 的圆形区域(图 4-2),中心为一个直径约 1.2 m 的圆形小岛,中间为宽度约 50 cm、深度不同的环形小沟,环形小沟内填充一层鲜活的草皮为草原毛虫结茧化蛹及三江源草原毛虫金小蜂寄生区域。环形小沟两边垫起宽 15～20 cm、高约 20 cm 的坝堤。人工岛环形小沟上面覆盖高山金露梅以挡风雪和阳光,为草原毛虫结茧化蛹和草原毛虫金小蜂寄生提供了一个隐蔽的场所。按照实验设计,薄石块小环境实验区人工岛内铺设若干面积约 100 cm² 、厚度约 4 cm 的薄石块,疏松纤维网小环境实验区人工岛内铺设若干长度约 30 cm、直径 8～9 cm 的疏松纤维网,疏松纤维网具有网状透光透气的特征。

(2)三江源草原毛虫金小蜂扩繁透光透气人工繁育巢 A

草原毛虫蛹期,在三江源草原毛虫金小蜂人工繁育巢 A 扩繁实验区内,开挖的 50 个深度约 30 cm、面积约 40 cm×20 cm 的长方体小坑,每个小坑相隔约 1 m,在每个小坑内铺上一层厚度约 15 cm 的鲜活草皮。然后,在草皮上放置一个长度约 30 cm,直径约 8～9 cm 且一端开口的疏密纤维网(图 4-3A),疏松纤维网具有网状透光透气的特征。每个疏密纤维网腔室内放置 50 个未被任何寄生天敌寄生的草原毛虫活蛹。最后,在每个疏密纤维网上面覆盖一层厚度约 10 cm 的草皮(图 4-3B)。

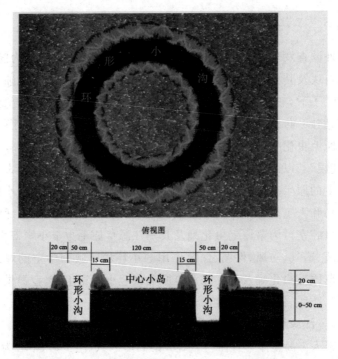

图 4-2　三江源草原毛虫金小蜂扩繁人工岛示意图

图 4-3　三江源草原毛虫金小蜂扩繁透光透气人工繁育巢 A 实物图

(a)疏密纤维网;(b)野外布设人工繁育巢 A

(3)三江源草原毛虫金小蜂扩繁透气遮光防风人工繁育巢 B

利用致密的纤维材料制作成直径 10～12 cm 球形人工繁育巢 B,并用开孔器在其顶部开一直径约 5 cm 的圆形小口,同时在侧面和底部开若干直径约 5 mm 的透气孔和排水孔。这样设置的人工繁育巢具有透气、防风、保湿、保暖以及避光的作用。将制作完毕的 50 个球形人工繁育巢 B 正立放置于人工繁育巢 B 实验区内,并将下部 2/3 放入事先挖好的小坑内,每个人工繁育巢之间间隔约 1 m。从顶部圆形小口往每个繁育巢内放置 5 个上一年被三江源草原毛虫金小蜂寄生的草原毛虫蛹和 50 个未被任何寄生天敌寄生的草原毛虫活蛹,且繁育巢内所有的草原毛虫蛹用 30 目(孔径约 0.6 mm)的黑纱布包裹,以防羽化后的三江源草原毛虫金小蜂成蜂逃逸。为给羽化后的三江源草原毛虫金小蜂成蜂补充水分和营养,将用蒸馏水稀释 10 倍后的蜂蜜水涂抹在小棉花球上,并用细绳绑缚小棉花球,垂直悬吊于繁育巢纱网内。最后,将顶部圆形小口用盖子盖住,并用封口胶和透明胶带密封(图 4-4)。

(a) (b)

图 4-4 三江源草原毛虫金小蜂扩繁透气遮光防风人工繁育巢 B 实物图
(a)致密的球形繁育巢;(b)野外布设的人工繁育巢 B

4.1.1.4 三江源草原毛虫金小蜂扩繁试验样地生态修复

青藏高原高寒草甸生态系统极其脆弱,自我调节和修复能力差,一旦遭到破坏很难恢复。为在三江源草原毛虫金小蜂与寄主草原毛虫共生的原生态环境下开展扩繁试验,本书研究在玉树州高寒牧区的来拉山和嘉塘草原开挖了较小范围的草甸。为保护青藏高原高寒草甸生态环境,本书研究在扩繁试验结束后立即对开挖的草甸进行草皮回填、灌溉等植被修复工作,以期对草甸生态环境的影响降低到最小程度。

4.1.1.5　实验分组及设计

(1)三江源草原毛虫金小蜂扩繁人工岛实验分组与设计

本书研究在三江源草原毛虫金小蜂扩繁人工岛环形小沟内分别设置了薄石块和疏松纤维网两种小环境以供草原毛虫结茧化蛹以及三江源草原毛虫金小蜂寄生。

①薄石块小环境实验分组与设计

本书研究实验设计包含人工岛环形小沟深度(A)与石块覆盖范围(B)两个因素,每个因素设置 3 个水平。其中,环形小沟深度因素 3 个水平分别为 0、20～25 cm 和 45～50 cm,石块覆盖范围因素 3 个水平分别为全覆盖、半覆盖和不覆盖。利用 SPSS 22.0 软件生成两因素三水平的正交实验设计表(表 4-1),每个交叉实验重复 3 次,共 27 组。三江源草原毛虫金小蜂寄生率(P)作为统计变量。

本书研究在对照区内设置 3 个重复对照组,每个重复对照组为面积约 1 m ×1 m 的正方形区域。在草原毛幼虫期,通过抽样调查获得对照区草原毛虫幼虫种群密度约为 37.4 头/m^2。为了与对照区草原毛虫种群密度一致,实验区每个人工岛环形小沟内投释 100 头草原毛虫幼虫(按每个人工岛环形小沟面积 2.669 m^2 计算)。

表 4-1　人工岛环形小沟深度与石块覆盖范围两因素三水平正交实验设计

处理号	深度/cm	石块覆盖范围
	A	B
1	45～50	全覆盖
2	20～25	半覆盖
3	0	不覆盖

②疏松纤维网小环境实验分组与设计

本书研究实验区内设置 3 个人工岛重复实验组,人工岛环形小沟深度均为 45～50 cm,每个人工岛环形小沟内放置 10 个一端开口的疏松纤维网作为草原毛虫结茧化蛹以及三江源草原毛虫金小蜂寄生的场所。对照区设置 3 个重复对照组,每个重复对照组为面积约 1 m ×1 m 的正方形区域。在草原毛幼虫期,为了与对照区草原毛虫种群密度一致,每个人工岛环形小沟内投释 100 头草原毛虫幼虫。

(2)三江源草原毛虫金小蜂扩繁人工繁育巢实验分组与设计

三江源草原毛虫金小蜂扩繁人工繁育巢实验分为人工繁育巢 A 实验组和人工繁育巢 B 实验组,每个实验组均设置 50 个重复。由于人工繁育巢 A 实验组和人工繁育巢 B 实验组在同一块试验样地,因此这两个实验组只设置一个对照区,每个对照区内设置 10 个重复对照组。

4.1.1.6　三江源草原毛虫金小蜂寄生率调查方法

在三江源草原毛虫金小蜂寄生末期(每年 8 月下旬),分别收集实验区和对照区内所有草原毛虫蛹,并带回实验室进行解剖,统计被三江源草原毛虫金小蜂寄生的毛虫蛹数量,计算三江源草原毛虫金小蜂的寄生率,寄生率计算方法与第 3 章相同。

4.1.1.7　数据处理

利用 Spss22.0 软件对扩繁人工岛薄石块小环境实验组不同因素和水平下的三江源草原毛虫金小蜂寄生率进行多因素方差分析(Multi-way ANOVA),对所有试验样地实验区与对照区的三江源草原毛虫金小蜂寄生率进行独立样本 t 检验。

4.1.2　草原毛虫生物防控效果研究

4.1.2.1　草原毛虫生物防控试验区的划分与地理位置

(1)三江源草原毛虫金小蜂羽化出蜂实验区

在玉树州高寒牧区的嘉塘草原划分出面积约 100 m^2 区域作为三江源草原毛虫金小蜂羽化出蜂实验区(图 4-5),在实验区内划分两个"小气候"实验组(薄石块和独一味植株),每个实验组设置 5 个重复。实验区的地理坐标为 97°35′27.45″E,33°21′33.15″N。

(2)生物防控实验区 Ⅰ

在玉树州高寒牧区选择 3 个样地(A、B 和 C)作为草原毛虫生物防控实验区 Ⅰ(图 4-5),分别划出 3 个面积约 600 m^2 的区域作为实验区,在实验区附近的草甸再分别划出 600 m² 区域作为对照区。每个样地的实验区和对照区均被公路或小沟隔开,且实验区和对照区均无重复。试验样地 A、B 和 C 的地理坐标分别为 95°50′22.55″E,3°47′29.42″N;95°49′34.55″E,34°6′3.06″N;96°19′34.96″E,33°50′34.77″N。

(3)生物防控实验区 I

在玉树州高寒牧区选择 3 个面积约 600 m² 的样地(D、E 和 F)作为草原毛虫生物防控实验区 II(图 4-5),每个样地之间间隔约 30 km。试验样地 D、E 和 F 的地理坐标分别为 96°3′24.22″E,32°51′23.76″N;96°8′1.64″E,32°38′5.10″N;96°28′41.15″E,32°36′15.44″N。

图 4-5　草原毛虫生物防控试验区样地位置

4.1.2.2　被三江源草原毛虫金小蜂寄生的草原毛虫蛹的快速鉴别方法

草原毛虫寄生蛹的鉴别方法是三江源草原毛虫金小蜂采集以及投释的前提,本书研究通过观察和捏压草原毛虫蛹体的方法可快速鉴别被三江源草原毛虫金小蜂寄生的草原毛虫蛹,具体流程如图 4-6 所示。

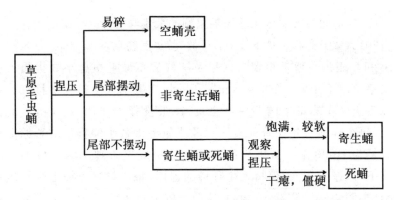

图 4-6　被三江源草原毛虫金小蜂寄生的草原毛虫蛹快速鉴别流程

通过捏压草原毛虫蛹体,成虫羽化后留下的空壳蛹会立刻破碎;非寄生的活蛹受到捏压外力会摆动尾部,寄生蛹和死蛹则不会摆动尾部;寄生蛹较为饱满,死蛹则较为干瘪;寄生蛹捏压后蛹体较软,死蛹则由于体内血淋巴组织凝固为变得僵硬。

4.1.2.3　草原毛虫蛹的采集与投释

(1)三江源草原毛虫金小蜂羽化出蜂试验区草原毛虫蛹的采集与投释

在三江源草原毛虫金小蜂羽化出蜂试验区的每个实验组投放 100 个饱满、完整且被三江源草原毛虫金小蜂寄生的草原毛虫蛹,投放的蛹用 30 目纱网罩住,以防羽化出的成蜂逃逸,外面再用铁网罩住,以免外界因素干扰实验(图 4-7)。

图 4-7　三江源草原毛虫金小蜂羽化出蜂试验区

(2)生物防控实验区Ⅰ草原毛虫蛹的采集与投释

2016～2018年8月下旬,在草原毛虫生物防控实验区Ⅰ的样地A、B和C附近草原毛虫聚集区以及三江源草原毛虫金小蜂扩繁实验区采集草原毛虫蛹,经过观察和捏压的快速鉴别方法挑选出被三江源草原毛虫金小蜂寄生的草原毛虫蛹,就近投释于样地A、B和C的实验区,每个样地每年投释的被三江源草原毛虫金小蜂寄生的草原毛虫蛹数量为1 000个。被寄生的草原毛虫蛹放置于独一味植株的大叶子底下,以遮挡阳光,保持寄生环境的湿度,每个投释点插上小红旗作为标记(图4-8)。实验区内独一味分布较少的区域,可从别的草甸进行移植。

图4-8　被三江源草原毛虫金小蜂寄生的草原毛虫蛹投释样地

(3)生物防控实验区Ⅱ草原毛虫蛹的采集与投释

2016年8月下旬,在草原毛虫生物防控实验区Ⅱ附近草原毛虫聚集区采集草原毛虫蛹(寄生与未寄生),并将每个采集区的草原毛虫蛹分别投释于草原毛虫生物防控实验区Ⅱ的3个实验样地D、E和F(每个样地约600 m²)的实验区,在每个实验样地实验区附近设置1个同样面积的对照区样地。将采集的草原毛虫蛹放置于独一味植株的大叶子下,每个投释点插上小红旗作为标记。实验区内独一味分布较少的区域,可从别的草甸进行移植。

4.1.2.4　草原毛虫种群密度调查

草原毛虫生物防控实验区Ⅰ草原毛虫种群密度调查时间为 2016～2019 年每年的 6 月下旬,草原毛虫生物防控实验区Ⅱ草原毛虫种群密度调查时间为 2016～2018 年每年的 6 月下旬,调查对象为草原毛虫4～5 龄幼虫,调查方法与第 2 章相同。

4.1.2.5　三江源草原毛虫金小蜂寄生率调查

2016～2019 年 8 月下旬,在三江源草原毛虫金小蜂蜂种投释前抽样调查草原毛虫生物防控实验区Ⅰ样地 A、B 和 C 实验区的三江源草原毛虫金小蜂寄生率,三江源草原毛虫金小蜂寄生率的调查方法与第 3 章相同。

4.1.2.6　三江源草原毛虫金小蜂羽化出蜂情况调查

三江源草原毛虫金小蜂羽化出蜂试验区投放的草原毛虫寄生蛹越冬后,在第二年 8 月上旬(羽化高峰期)调查每个实验组的出蜂情况,调查时间为 7 d,排除发霉死亡的蛹,统计累积的出蜂数量,计算羽化出蜂率。

4.1.2.7　统计指标计算方法

草原毛虫虫口减退率计算公式(赵龙,2016)

$$虫口减退率(\%)=\frac{天敌释放前寄主种群密度-天敌释放后寄主种群密度}{天敌释放前寄主种群密度}\times100\%$$

公式(4-1)

三江源草原毛虫金小蜂对草原毛虫的防治效果计算公式(武琳琳等,2010)

$$防控效果(\%)=\frac{对照区寄主种群密度-实验区寄主种群密度}{对照区寄主种群密度}\times100\%$$

公式(4-2)

三江源草原毛虫金小蜂寄生率增长率比计算公式

寄生率增长率(%)＝

$$\frac{天敌释放后寄生率－天敌释放前寄生率}{天敌释放前寄生率} \times 100\%$$

公式(4-3)

三江源草原毛虫金小蜂羽化出蜂率计算公式(王进强等,2019)

$$羽化出蜂率(\%) = \frac{出蜂草原毛虫蛹数量}{草原毛虫蛹数量} \times 100\% \quad 公式(4-4)$$

4.1.2.8　数据处理

利用 Spss 22.0 软件对 2016 年和 2019 年草原毛虫生物防控试验区 Ⅰ 的 3 个调查样地(A,B 和 C)三江源草原毛虫金小蜂寄生率的差异显著性进行 t 检验;对三江源草原毛虫金小蜂羽化出蜂试验区两种"小气候"(薄石块和独一味植株)下的三江源草原毛虫金小蜂出蜂量和羽化出蜂率进行独立样本 t 检验。

4.2　结果与分析

4.2.1　三江源草原毛虫金小蜂扩繁研究

4.2.1.1　扩繁人工岛三江源草原毛虫金小蜂寄生率调查结果与分析

(1)薄石块小环境实验组调查结果与分析

从人工岛形小沟深度与石块覆盖范围两因素正交实验结果(表 4-2)得出,扩繁人工岛内薄石块小环境实验组三江源草原毛虫金小蜂的平均寄生率为 17.1%～34.9%。当环形小沟深度为 0、石块覆盖范围为不覆盖时,三江源草原毛虫金小蜂平均寄生率最小,为 17.1%;当环形小沟深度为 45～50 cm、石块覆盖范围为半覆盖时,三江源草原毛虫金小蜂平均寄生率最大,为 34.9%。通过控制其中的一个因素变量,计算三江源草原毛虫金小蜂寄生率的估计边际均值,如图 4-9 所示,当石块覆盖范围为控制变量时,在全覆盖和半覆盖因素水平,环形小沟内三江源草原毛虫金小蜂平均寄生率随着环形小沟深度的增加而逐渐增大。在不覆盖因素水平,环形小沟内三江源草原毛虫金小蜂平均寄生率随着环形小沟深度的增加呈先增大后平缓变化的趋势。当环形小沟深度为控制变量时,环形小沟内三江源草原毛虫金小蜂平均寄生率随着石块覆盖范围的扩大呈先增大后减少的趋势,这种变化趋势在环形小沟深度为 45~50 cm 因素水平更为明显。

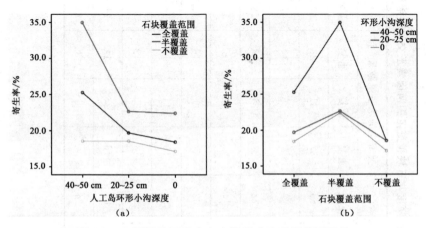

图 4-9 三江源草原毛虫金小蜂寄生率估计边际均值

(a)控制变量为石块覆盖范围;(b)控制变量为环形小沟深度

　　由正交表中计算出的极差(R)(表 4-3)得出,对于人工岛内三江源草原毛虫金小蜂寄生率(P),因素环形小沟深度(A)和石块覆盖范围(B)的极差分别为 7.0% 和 8.6%,$A_R < B_R$,说明与环形小沟深度因素相比,石块覆盖范围因素对人工岛内三江源草原毛虫金小蜂寄生率的影响更大。通过计算每个因素下不同水平统计变量的平均值,并进行比较得出,A_1 和 B_2 三江源草原毛虫金小蜂寄生率平均值最大,说明有利于提高人工岛内三江源草原毛虫金小蜂寄生率的最优条件组合为 A_1B_2,即环形小沟深度为 45~50 cm;环形小沟内石块覆盖范围为半覆盖时,人工岛内三江源草原毛虫金小蜂平均寄生率最高可达 34.9%。

表 4-2 人工岛环形小沟深度与石块覆盖范围两因素正交实验结果

序号	深度/cm	石块覆盖范围	草原毛虫蛹数量/个			被寄生的毛虫蛹数量/个			三江源草原毛虫金小蜂寄生率/%			
			重复1	重复2	重复3	重复1	重复2	重复3	重复1	重复2	重复3	Mean±SE
1	45~50	半覆盖	92	82	86	37	31	23	40.2	37.8	26.7	34.9±3.4
2	0	全覆盖	56	64	72	7	15	14	12.5	23.4	19.4	18.5±2.6
3	20~25	半覆盖	82	90	78	23	21	13	28.0	23.3	16.7	22.7±2.7
4	20~25	不覆盖	36	55	44	5	13	8	13.9	23.6	18.2	18.6±2.3
5	45~50	不覆盖	42	50	62	5	9	16	11.9	18.0	25.8	18.6±3.3
6	20~25	全覆盖	62	58	50	10	11	12	16.1	19.0	24.0	19.7±1.9
7	45~50	全覆盖	68	72	46	13	22	12	19.1	30.6	26.1	25.3±2.7
8	0	半覆盖	74	92	81	16	26	14	21.6	28.3	17.3	22.4±2.6
9	0	不覆盖	38	45	24	8	8	3	21.1	17.8	12.5	17.1±2.0

表 4-3　变量极差分析

变量	三江源草原毛虫金小蜂寄生率/%	
因素	A	B
K_1	26.3	21.1
K_2	20.3	26.7
K_3	19.3	18.1
极差(R)	7.0	8.6
最优组合	$A1B2$	

　　从方差分析结果首先得出(表 4-4),人工岛环形小沟深度(A)和石块覆盖范围(B)对三江源草原毛虫金小蜂寄生率均具有显著的影响($P<0.05$)。其次,环形小沟深度(A)和石块覆盖范围(B)对三江源草原毛虫金小蜂寄生率(P)贡献的离差平方和分别为 0.025 和 0.034,均方分别为 0.013 和 0.017。石块覆盖范围贡献的离差平方和与均方均大于环形小沟深度贡献的离差平方和和均方,说明石块覆盖范围对三江源草原毛虫金小蜂寄生率的影响大于环形小沟深度的影响,这与表 4-3 所示的变量极差分析结果相一致。此外,方差分析还得出,环形小沟深度和石块覆盖范围两因素对三江源草原毛虫金小蜂寄生率的互作效应不显著($P>0.05$),说明人工岛环形小沟深度和石块覆盖范围两因素对三江源草原毛虫金小蜂寄生率的影响是独立的。

表 4-4　三江源草原毛虫金小蜂寄生率方差分析

变异来源	平方和	df	平均值平方	F	P
A	0.025	2	0.013	3.985	0.037*
B	0.034	2	0.017	5.355	0.015*
$A \times B$	0.014	4	0.003	1.088	0.392
误差	0.057	18	0.003		
总计	0.13	27			
校正后总数	0.131	26			

注：* 表示差异显著。

　　根据极差分析,我们获得三江源草原毛虫金小蜂扩繁人工岛实验区的最优组合为 A_1B_2,即环形小沟深度 40～45 cm,石块半覆盖实验组(表 4-3)。将该最优组合与 3 个对照区的三江源草原毛虫金小蜂寄生率进行对比分析得出(表 4-5),最优组合三江源草原毛虫金小蜂寄生率平均值为 34.9%,对照区三江源草原毛虫金小蜂寄生率平均值为 19.4%,最优组合三江源草原毛虫金小蜂寄生率的平均值大于对照区三江源草原毛虫金小蜂寄生率的平均值。通过 t 检验得出,最优组合三江源草原毛虫金小蜂寄生率与对照区三江源草原毛虫金小蜂寄生率存在显著性差异($P<0.05$),说明三江源草原毛虫金小蜂扩繁人工岛在环形小沟深度为 40～50 cm,石块覆盖范围为半覆盖时,对三江源草原毛虫金小蜂寄生草原毛虫蛹有显著的促进作用。

表 4-5　实验区最优组合与对照区三江源草原毛虫金小蜂寄生率调查结果

组别	草原毛虫蛹数量/个			被寄生的草原毛虫蛹数量/个			三江源草原毛虫金小蜂寄生率/%			
	重复1	重复2	重复3	重复1	重复2	重复3	重复1	重复2	重复3	Mean±SE
实验区最优组合	92	82	86	37	31	23	40.2	37.8	26.7	34.9±3.4
对照区	22	31	21	4	8	3	18.2	25.8	14.3	19.4±2.8

　　(2)疏松纤维网小环境实验组调查结果与分析

　　如表 4-6 所示,扩繁人工岛内疏松纤维网小环境实验组三江源草原毛虫金小蜂寄生率为 29.5%～39.1%,平均值为 35.5%;对照区三江源草原毛虫金小蜂寄生率为 21.1%～26.1%,平均值为 24.1%。t 检验结果显示,实验区与对照区的三江源草原毛虫金小蜂寄生率存在显著差异($P<0.05$),表明实验区三江源草原毛虫金小蜂寄生率显著高于对照区。

表 4-6　扩繁人工岛疏松纤维网小环境实验组三江源草原
毛虫金小蜂寄生率调查结果

重复组编号		草原毛虫蛹数量/个	被三江源草原毛虫金小蜂寄生的蛹数量/个	寄生率/%
实验区	1	92	36	39.1
	2	88	26	29.5
	3	90	34	37.8
Mean±SE		90.0±1.1	32.0±3.1	35.5±3.0
对照区	1	20	5	25.0
	2	19	4	21.1
	3	23	6	26.1
Mean±SE		20.7±1.2	5.0±0.6	24.1±1.5

4.2.1.2　扩繁人工繁育巢三江源草原毛虫金小蜂寄生率调查结果与分析

（1）人工繁育巢 A 三江源草原毛虫金小蜂寄生率调查结果与分析

如表 4-7 所示，人工繁育巢 A 实验区三江源草原毛虫金小蜂寄生率在 21.3%～66.0%，平均值为 44.2%，对照区三江源草原毛虫金小蜂寄生率为 15.8%～28.2%，平均值为 22.3%；t 检验结果显示，实验区与对照区的三江源草原毛虫金小蜂寄生率存在极显著差异（$P<0.01$），表明实验区草原毛虫金小蜂寄生率显著高于对照区。

表 4-7　人工繁育巢 A 三江源草原毛虫金小蜂寄生率调查结果

重复组编号		草原毛虫蛹数量/个	被三江源草原毛虫金小蜂寄生的蛹数量/个	寄生率/%
实验区	1	50	27	54.0
	2	50	24	48.0
	3	48	24	50.0
	4	49	21	42.9

续表

重复组编号		草原毛虫蛹数量/个	被三江源草原毛虫金小蜂寄生的蛹数量/个	寄生率/%
实验区	5	46	21	45.7
	6	50	18	36.0
	7	47	19	40.4
	8	48	12	25.0
	9	50	10	20.0
	10	49	23	46.9
	11	49	15	30.6
	12	50	28	56.0
	13	50	22	44.0
	14	49	28	57.1
	15	46	24	52.2
	16	45	14	31.1
	17	48	26	54.2
	18	50	22	44.0
	19	47	21	44.7
	20	50	13	26.0
	21	46	17	37.0
	22	50	28	56.0
	23	49	26	53.1
	24	50	26	52.0
	25	49	22	44.9
	26	48	25	52.1
	27	45	19	42.2
	28	50	33	66.0
	29	45	25	55.6
	30	47	12	25.5

续表

重复组编号		草原毛虫蛹数量/个	被三江源草原毛虫金小蜂寄生的蛹数量/个	寄生率/%
实验区	31	48	21	43.8
	32	45	19	42.2
	33	43	24	55.8
	34	49	22	44.9
	35	42	14	33.3
	36	48	27	56.3
	37	44	22	50.0
	38	43	18	41.9
	39	50	27	54.0
	40	49	28	57.1
	41	46	22	47.8
	42	42	12	28.6
	43	41	19	46.3
	44	47	26	55.3
	45	41	17	41.5
	46	45	23	51.1
	47	44	13	29.5
	48	43	18	41.9
	49	48	16	33.3
	50	47	10	21.3
Mean±SE				44.2±1.5
对照区	1	86	20	23.3
	2	38	9	27.3
	3	64	12	18.8
	4	19	5	26.3
	5	42	9	21.4

续表

重复组编号		草原毛虫蛹数量/个	被三江源草原毛虫金小蜂寄生的蛹数量/个	寄生率/%
对照区	6	52	12	23.1
	7	23	4	17.4
	8	38	6	15.8
	9	71	20	28.2
	10	96	21	21.9
Mean±SE				22.3±0.6

（2）人工繁育巢 B 三江源草原毛虫金小蜂寄生率调查结果与分析

如表 4-8 所示，人工繁育巢 B 实验区三江源草原毛虫金小蜂寄生率为 46.3%～87.0%，平均值为 70.3%；实验区与对照区（表 4-7）三江源草原毛虫金小蜂寄生率存在极显著差异（$P<0.01$），表明实验区三江源草原毛虫金小蜂寄生率极显著高于对照区。

表 4-8　人工繁育巢 B 三江源草原毛虫金小蜂寄生率调查结果

重复组编号		草原毛虫蛹数量/个	被三江源草原毛虫金小蜂寄生的蛹数量/个	寄生率/%
实验区	1	48	42	87.5
	2	45	30	66.7
	3	49	25	51.0
	4	42	33	78.6
	5	45	22	48.9
	6	46	29	63.0
	7	50	36	72.0
	8	48	31	64.6
	9	48	41	85.4
	10	46	35	76.1
	11	43	31	72.1

续表

重复组编号		草原毛虫蛹数量/个	被三江源草原毛虫金小蜂寄生的蛹数量/个	寄生率/%
	12	45	24	53.3
	13	49	36	73.5
	14	46	40	87.0
	15	45	34	75.6
	16	42	26	61.9
	17	45	30	66.7
	18	48	41	85.4
	19	49	40	81.6
	20	44	29	65.9
	21	46	35	76.1
	22	49	38	77.6
实验区	23	43	36	83.7
	24	48	35	72.9
	25	42	26	61.9
	26	46	35	76.1
	27	46	40	87.0
	28	48	34	70.8
	29	43	34	79.1
	30	48	26	54.2
	31	47	31	66.0
	32	46	35	76.1
	33	50	38	76.0
	34	43	34	79.1
	35	41	19	46.3

续表

重复组编号		草原毛虫蛹数量/个	被三江源草原毛虫金小蜂寄生的蛹数量/个	寄生率/%
实验区	36	45	30	66.7
	37	48	23	47.9
	38	49	28	57.1
	39	43	24	55.8
	40	48	33	68.8
	41	50	36	72.0
	42	48	38	79.2
	43	50	39	78.0
	44	47	39	83.0
	45	45	33	73.3
	46	44	32	72.7
	47	46	24	52.2
	48	46	31	67.4
	49	47	34	72.3
	50	46	31	67.4
Mean±SE				70.3±1.5

4.2.2　草原毛虫生物防控效果研究

4.2.2.1　三江源草原毛虫金小蜂羽化出蜂情况调查与分析

三江源草原毛虫金小蜂羽化出蜂调查结果如表4-9所示,两种"小气候"下(薄石块和独一味植株)三江源草原毛虫金小蜂出蜂量为1 755～3 321个,羽化出蜂率为64.3%～91.8%,其中,薄石块"小气

候"出蜂量为 1 755～2 501 个,平均出蜂量为 2 157 个,羽化出蜂率为
64.3%～76.5%,平均羽化出蜂率为 71.4%;独一味植株"小气候"出蜂
量为 2 808～3 321 个,平均出蜂量为 3 073 个,羽化出蜂率为 84.4%～
91.8%,平均羽化出蜂率为 88.3%。t 检验分析结果显示,独一味植
株"小气候"下三江源草原毛虫金小蜂出蜂量和羽化出蜂率显著高于
($P<0.01$)薄石块"小气候"下的三江源草原毛虫金小蜂出蜂量和羽化
出蜂率,表明独一味植株"小气候"更有利于三江源草原毛虫金小蜂羽化
出蜂,因此在草原毛虫生物防控试验区,选择独一味植株的大叶子底下
作为草原毛虫蛹投释小环境。

表 4-9　三江源草原毛虫金小蜂两种寄生"小气候"羽化出蜂情况调查

寄生"小气候"	寄生蛹数量/个	出蜂蛹数量/个	羽化出蜂率/%	出蜂数量/个
薄石块	68	52	76.5	2 084
	72	54	75.0	2 088
	70	45	64.3	1 755
	76	56	73.7	2 501
	80	54	67.5	2 356
平均值	73±2	52±2	71.4±2.3	2 157±128
独一味植株	92	81	88.0	3 321
	90	76	84.4	2 964
	88	77	87.5	3 234
	85	78	91.8	2 808
	89	80	89.9	3 040
平均值	89±1	78±1	88.3±1.2	3 073±92

4.2.2.2　三江源草原毛虫金小蜂资源增长与累积效应分析

　　为了研究连续 3 年（2016～2018 年）投释三江源草原毛虫金小蜂蜂种后三江源草原毛虫金小蜂资源的增长与累积效应，本书研究对2016～2019 年草原毛虫生物防控试验区Ⅰ的三江源草原毛虫金小蜂寄生率进行了调查统计，结果如表 4-10 所示，2016～2019 年，3 个生物防控试验样地（A、B 和 C）三江源草原毛虫金小蜂寄生率增长率别为69.6%、49.3%和 70.4%，平均值为 62.4%（图 4-10）；与样地 B 相比，样地 A 和 C 的三江源草原毛虫金小蜂寄生率增长率较大，表明样地 A 和C 三江源草原毛虫金小蜂寄生率增长最快，天敌资源累积效率最高；2016 年和 2019 年的 3 个样地三江源草原毛虫金小蜂寄生率之间差异均极显著（$P < 0.01$），且寄生率变化趋势图显示（图 4-11）；2016～2019年，3 个调查样地三江源草原毛虫金小蜂寄生率呈逐年增长趋势，表明在投释三江源草原毛虫金小蜂蜂种后，三江源草原毛虫金小蜂种群数量逐年增加，资源累积效应极显著。草原毛虫生物防控试验区Ⅰ的三江源草原毛虫金小蜂寄生率调查原始数据见附录Ⅷ。

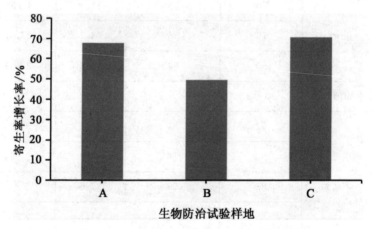

**图 4-10　2016～2019 年草原毛虫生物防控试验区Ⅰ3 个试验样地
（A,B 和 C)草原毛金小蜂寄生率增长率柱形图**

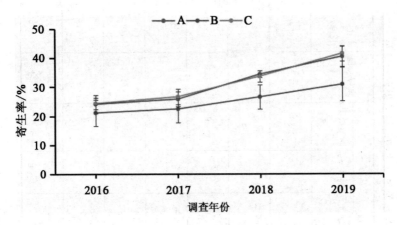

图 4-11　2016～2019 年草原毛虫生物防控试验区Ⅰ3 个验样地
(A、B 和 C)草原毛金小蜂寄生率变化趋势

4.2.2.3　草原毛虫生物防控效果评估

　　为了对连续 3 年投释三江源草原毛虫金小蜂蜂种后的草原毛虫防控效果进行评估,本书研究对 2016～2019 年草原毛虫生物防控试验区Ⅰ3 个试验样地(A、B 和 C)的草原毛虫种群密度进行了调查统计(原始调查数据见附录Ⅵ),结果显示(表 4-10):2016～2019 年,3 个生物防控试验样地(A、B 和 C)草原毛虫虫口减退率分别为 71.1%、59.3% 和 76.4%,平均值为 68.9%(图 4-12),草原毛虫最终的防控效果分别达到 80.9%、69.9% 和 80.3%,平均值为 77.0%(图 4-13);样地 C 草原毛虫虫口减退率和防控效果较大,表明样地 C 的草原毛虫的防治效果最显著;2016～2018 年草原毛虫生物防控试验区Ⅱ3 个试验样地(D、E 和 F)的草原毛虫种群密度进行了调查结果显示(原始调查数据见附录Ⅶ)(表 4-11),在直接投释草原毛虫蛹后,3 个生物防控试验样地(D、E 和 F)草原毛虫虫口减退率分别为 80.3%、90.2% 和 83.2%,平均值为 84.6%,草原毛虫的生物防控效果分别达到 86.9%、80.2% 和 87.6%,平均值为 84.9%。样地 E 的虫口减退率最大(图 4-14),样地 C 的草原毛虫生物防控最为显著(图 4-15)。

表4-10 2016～2019年草原毛虫生物防控试验区Ⅰ三江源草原毛虫与金小蜂寄生率与草原毛虫生物防控效果调查结果

调查样地	2016年		2017年			2018年			2019年				
	种群密度/(头·m⁻²)	寄生率/%	种群密度/(头·m⁻²)	寄生率/%	防治效果/%	种群密度/(头·m⁻²)	寄生率/%	防治效果/%	种群密度/(头·m⁻²)	寄生率/%	防治效果/%	虫口减退率/%	寄生率增长率/%
A-实验区	150.4±20.2	24.1±3.1	148.6±31.8	25.8±2.6	28.8	105.6±23.9	34.3±1.2	43.5	43.4±10.2	40.4±3.4	80.9	71.1	67.6
A-对照区	—	—	208.6±11.6	—		186.8±26.2	—		227.0±10.3				
B-实验区	10.8±4.2	21.1±4.5	7.4±0.9	22.4±4.6	30.2	6.0±1.6	26.5±4.1	47.4	4.4±1.0	30.8±5.8	69.9	59.3	49.3
B-对照区	—	—	10.6±1.6	—		11.4±2.2	—		14.6±2.0				
C-实验区	180.6±22.1	24.3±2.0	156.6±15.1	26.6±2.6	16.9	120.8±18.1	33.6±2.0	42.7	42.6±11.1	41.4±2.7	80.3	76.4	70.4
C-对照区	—	—	188.4±21.1	—		210.8±7.6	—		216.6±5.1				
实验组平均值	113.9±52.3	23.2±0.8	104.2±48.5	24.9±1.1	25.3±4.2	77.5±36.0	31.5±2.5	44.5±1.5	30.1±12.9	37.5±3.4	77.0±3.6	68.9±5.1	62.4±6.6

注：表中数据为平均值±标准误差。

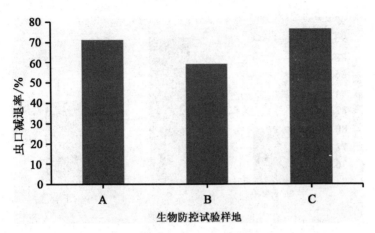

图 4-12　2016～2019 年草原毛虫生物防控试验区 I 3 个试验样地
(A、B 和 C)草原毛虫虫口减退率柱形图

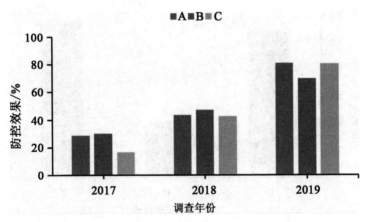

图 4-13　草原毛虫生物防控实验区 I 3 个生物防控试验样地
(A、B 和 C)草原毛虫生物防控效果柱形图

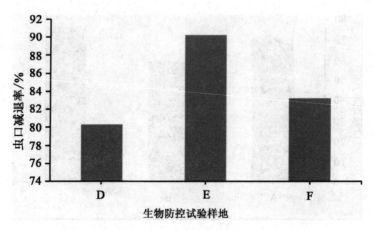

图 4-14　草原毛虫生物防控实验区Ⅱ3 个试验样地
(D、E 和 F)草原毛虫虫口减退率柱形图

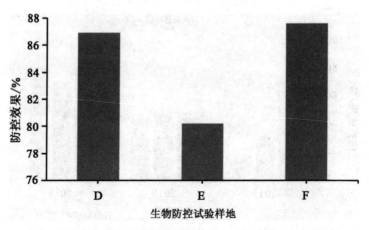

图 4-15　草原毛虫生物防控实验区Ⅱ3 个生物防控试验样地
(A、B 和 C)草原毛虫生物防控效果柱形图

表 4-11　2016～2018 年草原毛虫生物防控试验区 Ⅱ 草原
毛虫生物防控效果调查结果

调查样地	2016 年	2017 年	2018 年	虫口减退率/%	防治效果/%
	种群密度/(头·m^{-2})	种群密度/(头·m^{-2})	种群密度/(头·m^{-2})		
D-实验区	102.6	80.4	20.2	80.3	86.9
D-对照区	96.6	90.4	87.4	—	
E-实验区	120.6	90.6	11.8	90.2	80.2
E-对照区	70.4	65.2	59.6	—	
F-实验区	98.6	71.6	16.6	83.4	87.6
F-对照区	82.6	70.6	74.2	—	
实验组平均值	107.3±6.8	80.7±5.6	16.2±2.4	84.6±2.9	84.9±2.4

4.3　结论与讨论

4.3.1　就地取材,以草原毛虫蛹为寄主扩繁三江源草原毛虫金小蜂的可行性

天敌昆虫的规模化扩繁是害虫生物防控的关键,传统的天敌昆虫扩繁通常在室内进行,饲养转换寄主(或替代寄主)扩繁天敌昆虫(张礼生,2014)。但是,利用人工饲养转换寄主扩繁出的天敌昆虫通常会因为与寄主以及寄主所在环境的不适应性,导致生防效率下降(张礼生,2014)。本书研究在三江源草原毛虫金小蜂和寄主草原毛虫共生的原生态环境条件下,就地取材在高寒牧区草场利用高密度分布的草原毛虫蛹作为寄主昆虫,通过营造适宜三江源草原毛虫金小蜂寄生生息的"小气候",例如具有通风、透气、保湿、保暖特征的扩繁人工岛和人工繁育巢,研究扩

繁人工岛和人工繁育巢对三江源草原毛虫金小蜂寄生草原毛虫蛹的促进作用。扩繁实验结果得出,扩繁人工岛和人工繁育巢实验区三江源草原毛虫金小蜂寄生率显著($P<0.05$)或极显著($P<0.01$)高于对照区,且平均寄生率均在 34.0％以上,表明扩繁人工岛和人工繁育巢对三江源草原毛虫金小蜂寄生草原毛虫蛹具有显著的促进作用,这种促进作用可能是通过扩繁人工岛和人工繁育巢为草原毛虫结茧化蛹以及天敌三江源草原毛虫金小蜂寄生提供了避光通风透气且温湿度适合的隐蔽环境实现的。草原毛虫人工繁育巢 B 实验区三江源草原毛虫金小蜂平均寄生率最大,表明该人工繁育巢促进三江源草原毛虫金小蜂寄生的作用最大,可使三江源草原毛虫金小蜂平均寄生率达到 70.3％,约是对照区三江源草原毛虫金小蜂平均寄生率(22.3％)的 3 倍。人工繁育巢 B 能够高效扩繁三江源草原毛虫金小蜂的原因可能为:第一,与扩繁人工岛以及人工繁育巢 A 相比,致密的球形繁育巢更为隐蔽,避光性更好,能够为三江源草原毛虫金小蜂寄生及繁育提供更为舒适的"小气候";第二,致密的球形繁育巢可限制三江源草原毛虫金小蜂的飞行范围,缩短其搜寻寄主草原毛虫蛹的时间,有利于其精准、高效地寄生在草原毛虫蛹内;第三,在野外自然环境下(选择条件下),三江源草原毛虫金小蜂对寄主具有广泛的寄生选择,而在致密的球形繁育巢寄生环境下(非选择条件下),三江源草原毛虫金小蜂对寄主寄生选择性大大降低,羽化后的雌性成蜂必须在短期内找到寄主产卵,才能使后代得以存活以及自身基因稳定遗传。研究表明,在非选择条件下,麦蛾柔茧蜂(*Habrobracon hebetor*)对印度谷螟(*Plodia interpunctella*)低龄幼虫的寄生率显著高于选择条件下麦蛾柔茧蜂对印度谷螟低龄幼虫的寄生率(鲁睿,2008)。此外,人工繁育巢实验区的三江源草原毛虫金小蜂平均寄生率均高于扩繁人工岛实验区,其原因可能为:人工繁育巢比扩繁人工岛面积小,放置的草原毛虫蛹密度相对更高,且更为集中,对天敌三江源草原毛虫金小蜂的引诱作用更强。研究表明,寄主昆虫释放的信息化合物可增强对天敌寄生蜂的引诱作用,延长其滞留时间,提高其寄生率(李玉利等,2009)。综上所述,人工繁育巢 B 是扩繁三江源草原毛虫金小蜂的最有效的方法,可使三江源草原毛虫金小蜂的平均寄生率达到 70.3％。在球形繁育巢相对封闭的环境条件下,通过不断投放未被任何寄生天敌寄生的草原毛虫活蛹,使繁育巢内原有的三江源草原毛虫金小蜂对这些寄主蛹进行寄生,这样可源源不断地扩繁出与青藏高原高寒生境相适宜的

天敌三江源草原毛虫金小蜂资源。今后在草原毛虫生物防控的大规模推广与应用中,可将这些装有大量三江源草原毛虫金小蜂蜂种的球形繁育巢移到草原毛虫暴发区继续进行天敌扩繁或投释,实现天敌资源有计划、高效、灵活地应用,这将对害虫的生物防控具有示范作用。

4.3.2　草原毛虫蛹投释点"小气候"的选择性

在害虫生物防控研究中,寄生蜂的羽化出蜂情况直接关系生物防控的效果与效率,而寄生蜂的羽化出蜂率、出蜂量与其寄生小环境有着密切的联系。野外调查发现,在预蛹期,绝大部分的草原毛虫幼虫会爬到薄石块或独一味植株大叶子等"小气候"环境下结茧化蛹,且三江源草原毛虫金小蜂通常会寄生在这些"小气候"下的草原毛虫蛹内,这些"小气候"为草原毛虫结茧化蛹及三江源草原毛虫金小蜂寄生、繁育提供了隐蔽的小环境。隐蔽的小环境对寄生蜂的发育及羽化有着至关重要的作用。沈南英等(1980)对草原毛虫寄生天敌草原毛虫金小蜂生物学特征的研究发现,草原毛虫金小蜂幼虫只有在寄主草原毛虫蛹内才能继续发育,剥破或剥离蛹壳,幼虫不久即死亡。本书研究在进行三江源草原毛虫金小蜂羽化出蜂实验时发现,残破的被寄生的草原毛虫蛹无法羽化出蜂,蛹壳脱落的三江源草原毛虫金小蜂幼虫体色变黑,不久便死亡。在两种"小气候"(薄石块与独一味植物)下,三江源草原毛虫金小蜂平均出蜂量为 2 157 个,平均羽化出蜂率为 71.4%,表明在两种"小气候"下三江源草原毛虫出蜂量与羽化出蜂率较高。独一味植株"小气候"下的三江源草原毛虫金小蜂出蜂量与羽化出蜂率极显著($P<0.01$)高于薄石块"小气候"下的三江源草原毛虫金小蜂出蜂量与羽化出蜂率,表明独一味植株"小气候"更有利于三江源草原毛虫金小蜂的发育及羽化出蜂,这可能是由于独一味植株大叶子紧贴草地,避光、保湿、保温的性能较薄石块"小气候"更好,能够为三江源草原毛虫金小蜂发育及羽化出蜂提供更为适宜的隐蔽小环境。因此,在草原毛虫生物防控实验中,采集及筛选的草原毛虫蛹应当投释到生物防控实验区实验样地的独一味植株大叶子底下研究三江源草原毛虫金小蜂对草原毛虫的生物防控效果。

4.3.3 利用三江源草原毛虫金小蜂防控草原毛虫的有效性

在害虫生物防控中,生物防控的效果不像化学农药那么快速、有效,但其防效是持久、稳定、全面的。因此,对持久的生物防控效应进行长期的跟踪调查和评价是实现害虫有效管理的关键(朱建青柴正群,2009)。目前大部分害虫生物防控的研究评价的是短期效应,并常把生物防控因子的防效与化学农药的防效进行比较,用化学防控的方法来指导害虫的生物防控。这样的评估理念与方法忽略了生物防控的特征,从而使得最终的评价结果不能反映天敌对害虫的最大防控能力。对化学防治效果的评估常采用的指标是死亡率或瞬间死亡率(朱建青和柴正群,2009),但由于生物防控的效应是持久的,不是瞬间的,因此对生物防控的评估就不能仅计算害虫的死亡率或瞬间死亡率,而要采用害虫的虫口退化率以及天敌的寄生率相关指标进行综合评价。本书研究在三江源草原毛虫金小蜂对草原毛虫的生物防控中采用天敌寄生率增长率、虫口退化率与生物防控效果相结合的评估方法,综合评价了天敌三江源草原毛虫金小蜂的资源累积效应以及草原毛虫的生物防控效果,这对草原毛虫可持续防控具有重要的意义。

在农林牧业中,寄生蜂群体的种类较多,数量较大,它们是农林牧业重大害虫的天敌,因而对控制害虫的暴发、维护生态平衡发挥了重要的作用(肖晖和黄大卫,1996)。在农业生产中,小蜂总科是害虫生物防控应用最为成功的寄生蜂种类。广东省农业科学院植物保护研究所与广东省丰收糖业发展有限公司合作,在 2001~2012 年释放人工繁育的螟黄赤眼蜂防治甘蔗螟虫,在宿根蔗区甘蔗全株的防效达到 22.28%(郭良珍等,2001;张礼生等,2014);中国林业科学院森林生态环境与保护研究所生物防控学科组通过在美国白蛾(*Hyphantria cunea*)蛹期释放白蛾周氏啮小蜂(*Chouioio cunea*),解决了美国白蛾无公害防治的难题(杨忠岐等,2005;杨忠岐和张永安,2007;杨忠岐等,2018);中国农业科学院生物防治研究所在北京、河北、黑龙江等进行了丽蚜小蜂(*Encarsia formosa*)防治白粉虱(*Trialeurodes vaporariorum*)的应用和推广,累计达 300 余 hm²,放蜂区的粉虱数量能够一直被控制在很小的范围内(尹园园等,2018)。本书研究在草原毛虫生物防控实验区Ⅰ的 3 个调查样地

(A、B 和 C)开展三江源草原毛虫金小蜂防控草原毛虫的试验,结果显示,通过连续 3 年(2016～2018 年)投释三江源草原毛虫金小蜂蜂种,3 个调查样地(A、B 和 C)三江源草原毛虫金小蜂寄生率增长率别为 69.6%、49.3% 和 70.4%,表明三江源草原毛虫金小蜂资源得到有效累积;3 个调查样地草原毛虫虫口减退率分别为 71.1%、59.3% 和 76.4%,最终的防治效果分别为 80.9%、69.9% 和 80.3%,表明三江源草原毛虫金小蜂对草原毛虫的种群增长发挥了有效的抑制作用,生物防控效果显著。因此,利用本地天敌资源三江源草原毛虫金小蜂对草原毛虫进行生物防控是较为可行、有效的方法。在采集三江源草原毛虫金小蜂蜂种的过程中,需先通过观察和捏压草原毛虫蛹体的方法鉴别被三江源草原毛虫金小蜂寄生的蛹体,这难免会伤害到寄生天敌,且会增加一定的时间成本。为了利用三江源草原毛虫金小蜂高效防治草原毛虫,本书研究在高密度分布的草原毛虫暴发区采集及筛选饱满、完整的草原毛虫蛹,投放到草原毛虫生物防控实验区Ⅱ的 3 个调查样地(D、E 和 F),研究三江源草原毛虫金小蜂对草原毛虫种群的抑制效应,3 个调查样地(D、E 和 F)的虫口减退率分别达到 80.3%、90.2% 和 83.2%,生物防控效果分别达到 86.9%、80.2% 和 87.6%。与草原毛虫生物防控实验区Ⅰ相比,生物防控实验区Ⅱ草原毛虫生物防控效果更为显著,表明直接投释草原毛虫蛹在独一味植株大叶子下可使草原毛虫种群密度大幅度下降,对草原毛虫的防控更高效。在草原毛虫生物防控实验区Ⅱ,直接投释草原毛虫蛹虽然增加了实验区内草原毛虫种群密度,但比生物防控实验区Ⅰ直接投释三江源草原毛虫金小蜂蜂种取得的生防效果更为显著。其原因可能为:第一,高密度的草原毛虫面对拥挤的生存空间、有限的食物资源,生存竞争异常激烈,为使自身适合度达到最大,雌虫将以减少产卵数量为代价,分配更多的能量给子代,导致子代种群数量大幅度减少(Awmack and Leather,2002)。严林(2006)研究发现,两个低密度草原毛虫分布区的雌虫平均窝卵数分别为 149 个和 167 个,而两个高密度分布区的雌虫平均窝卵数分别为 59 个和 98 个。据实地调查,草原毛虫蛹内三江源草原毛虫金小蜂的平均产卵数量为 61 个,表明三江源草原毛虫金小蜂较强的繁殖力可有效抑制高密度分布区草原毛虫种群的增长。第二,依据 Wellington(1965)提出的假说,高密度分布的草原毛虫将减少对卵发育的营养分配,从而降低子代存活率及种群密度。门源草原毛虫幼虫发育中存活率的变化与母代种群密度相关,高密度种群子代存活率显著低于低密度种群(严林,2006)。第三,草原毛虫生物防控实验区Ⅰ投释的三江源草原毛虫金小蜂蜂种数量可能不够大,导致草原毛虫的生物防控效果较生物防控实验区Ⅱ低。

4.4 小 结

本书研究在青藏高寒牧区原生态环境条件下,利用高密度分布的草原毛虫蛹作为扩繁寄主昆虫,通过营造三江源草原毛虫金小蜂寄生与繁育的适宜"小气候"环境,并开展相关扩繁与生物防控实验,研究这些"小气候"环境对三江源草原毛虫金小蜂寄生草原毛虫蛹的促进作用以及三江源草原毛虫金小蜂对草原毛虫的生物防控效果。扩繁实验结果显示,与扩繁人工岛和人工繁育巢 A 相比,人工繁育巢 B 对三江源草原毛虫金小蜂的扩繁效果最好,可使其平均寄生率达到70.3%,极显著高于对照区三江源草原毛虫金小蜂平均寄生率(22.3%)($P<0.01$)。表明人工繁育巢 B 对三江源草原毛虫金小蜂寄生草原毛虫蛹具有非常明显的促进作用。三江源草原毛虫金小蜂在两种"小气候"(薄石块与独一味植株)下的羽化出蜂情况调查结果显示,独一味植株"小气候"下三江源草原毛虫金小蜂平均出蜂量为 3 073 个,平均羽化出蜂率为88.3%,极显著高于薄石块"小气候"下的三江源草原毛虫金小蜂出蜂量和羽化出蜂率,表明独一味植株"小气候"更适宜三江源草原毛虫金小蜂发育及羽化,在草原毛虫生物防控中,可选择独一味植株"小气候"作为采集及筛选的草原毛虫蛹的投释小环境。草原毛虫生物防控实验结果显示,生物防控实验区Ⅰ的 3 个样地(A、B 和 C)的三江源草原毛虫金小蜂寄生率增长率别为 69.6%、49.3%和 70.4%,草原毛虫虫口减退率分别为 71.1%、59.3%和76.4%,草原毛虫最终的生物防控效果分别达到 80.9%、69.9%和80.3%。生物防控实验区Ⅱ的 3 个样地(D、E 和 F)的虫口减退率分别达到80.3%、90.2%和83.2%,生物防控效果分别达到 86.9%、80.2%和87.6%。草原毛虫生物防控试验结果总体表明,在连续 3 年投释三江源草原毛虫金小蜂蜂种后,三江源草原毛虫金小蜂资源得到有效的累积;三江源草原毛虫金小蜂对草原毛虫的种群增长起到了一定的抑制效应,生物防控效果显著;在独一味植株"小气候"环境下,直接投释草原毛虫蛹可使草原毛虫种群密度大幅度下降,对草原毛虫的防治防治效果更好。

第5章 被三江源草原毛虫金小蜂寄生的草原毛虫基因表达谱研究

　　内寄生蜂在寄生过程中,雌蜂在产卵的同时会携带或分泌多分 DNA 病毒(Polydnavriuses,PDVs)、蜂毒(Venom)、类病毒颗粒(Virus-like Particles,VLPs)等毒性因子进入寄主昆虫体内(Moreau and Guillot,2005;Asgari,2006;Pennacchio and Strand,2006;Asgari and Rivers,2011;Zhao et al.,2017;Cusumano et al.,2018;Ye et al.,2018)。这些毒性因子对寄主昆虫的先天性免疫反应产生抑制作用,使得产在寄主体内的寄生蜂卵能够逃脱寄主免疫系统的攻击得以存活和继续发育(Beckage and Gelman,2004)。寄生蜂对寄主免疫反应的影响根本上通过调控寄主广泛的免疫相关基因表达水平现实的(Gunaratna and Jiang,2013)。这些免疫相关基因通常可以分类四类(Wang et al.,2019):第一类是模式识别受体(Pattern recognition receptors,PRRs),主要包括肽聚糖受体蛋白(Peptidoglycan recognition proteins,PGRPs)、β-1,3-葡聚糖受体蛋白(β-1,3-glucan-recognition proteins,GRPs)、清道夫受体(Scavenger receptors,SRs)、C 型凝集素(C-type lectins,CTLs)和唐氏综合征细胞黏附分子(Down syndrome cell adhesion molecule,DSCAM)等;第二类是细胞外信号转导和调节酶(Extracellular signal transduction and modulatory enzymes),主要包括丝氨酸蛋白酶(Serine proteases,SPs)和它们的非催化同系物(Serine proteases non-catalytic homologs,SPHs),以及丝氨酸酶抑制剂(serine proteinase inhibitors,Serpin);第三类是受体介导的细胞内信号通路(Receptor-mediated intracellular signaling pathways),主要包括 Toll 途径和 IMD 途径的相关受体蛋白;第四类是调节与效应反应系统(Regulatory and effector response systems),主要包括各类抗菌肽(Antimicrobial peptides,AMPs)以及与黑

化反应相关的酚氧化酶原(Prophenoloxidases,PPOs)和酚氧化酶(Phenoloxidases,POs)等。

三江源草原毛虫金小蜂是草原毛虫蛹期的寄生天敌,且对草原毛虫种群增长具有明显的抑制效应。目前关于三江源草原毛虫金小蜂对草原毛虫寄生分子机制的研究尚未见报道。为了研究三江源草原毛虫金小蜂寄生草原毛虫的分子机制,本书研究通过高通量测序技术对寄生与未寄生的草原毛虫雄性蛹基因表达谱及其免疫相关差异表达基因进行了分析,丰富了草原毛虫的基因资源库,为寄生蜂寄生草原毛虫分子机制的深入研究提供了科学的依据,对利用基因调控技术扩繁寄生蜂提供了新的思路。

5.1 材料与方法

5.1.1 样品采集及寄生实验

草原毛虫幼虫均采集自玉树州治多县境内的同一块样地(33°47′11.92″N,95°49′8.84″E),并带回实验室,在昆虫气候箱内完成一代饲养。饲养环境条件为:温度(15±1) ℃,相对湿度(60±5)%,光照周期10∶14 h(D∶L)。幼虫用嵩草类植物的叶饲养直至化蛹。根据成虫的形态特征,采集的草原毛虫被鉴定为青海草原毛虫(Gynaephora qinghaiensis)(周尧和印象初,1979;刘振魁等,1994)。三江源草原毛虫金小蜂与草原毛虫幼虫采集于相同的样地,并与草原毛虫蛹在相同的饲养环境条件下培育至成蜂。

当三江源草原毛虫金小蜂羽化为成蜂后,立即转移到 25 mL 的玻璃试管内,用 25%蜂蜜水饲养 48 h。然后,挑选活力较好的成蜂(雌∶雄=1∶2)放置于另外的 20 mL 的玻璃试管内完成交配。野外调查发现,三江源草原毛虫金小蜂对寄主草原毛虫蛹具有偏雄性寄生的特征,因此,将刚化蛹的草原毛虫雄性蛹(蛹壳形成后 3 d)和交配完成的雌性成蜂一起放置于 25 mL 玻璃试管中进行寄生实验。当三江源草原毛虫金小蜂的寄生行为完成后,被寄生的草原毛虫雄性蛹作为实验组立即转移至 25 mL 玻璃试管中,并根据寄生后 4 个不同的时间点(6 h、12 h、24 h 和 48 h)进行分组,未寄生的草原毛虫雄性蛹作为对照组,寄生后的不同时间点实验组和对照组均随机选取 10 个草原毛虫雄性蛹进行下一步的 RNA 样品收集及提取实验。

5.1.2　样品血细胞的分离

实验组和对照组的 RNA 样品均收集自草原毛虫雄蛹的血细胞,其中,实验组的 RNA 样品收集自寄生后 4 个不同时间点毛虫雄性蛹的混合血细胞。用消毒且无 RNAase(核酸酶)的注射器(带 18 G 针头)直接将每个样品的血淋巴吸取至 1.5 mL 无 RNAase 的 EP 管中,同时在 EP 管内添加 250 μL 冰冷的 PBS 缓冲液(100 mmol/L,pH 值 7.4)。收集的血淋巴在 4 ℃、800 g 条件下离心 5 min,沉淀的血细胞用 PBS 冲洗两次(Cui et al. ,2010)。收集血细胞并立即保存于 −80 ℃ 冰箱用于 RNA提取。在收集寄生蛹的血淋巴前,为了避免寄生蜂卵对草原毛虫蛹转录组的影响,应在显微镜下(×100)尽可能地清除掉寄生蜂的卵。寄生实验组(P)和未寄生对照组(NP)的血细胞样品分别贴上标签,实验组和对照组均设置 3 个生物学重复。

5.1.3　样品血细胞 RNA 的提取和检测

采用 TRIzol(Invitrogen,Carlsbad,CA)法提取样品血细胞的RNA,利用 1% 琼脂糖电泳,检测 RNA 的是否降解或污染;利用超微量分光光度计 Nanodrop 2000(Thermo Fisher Scientific,Wilmington,DE)检测 RNA 浓度和纯度;利用 Agilent 2100 生物分析系统(Agilent Technologies,Palo Alto,CA)及其配套试剂盒 RNA Nano 6000 Assay Kit 评估 RNA 的完整性。

5.1.4　文库的制备及测序

根据 NEBNext® Ultra™ RNA Library Prep Kit for Illumina®(NEB,

Beijing,China)试剂盒所述方法,取 1 μg 质量合格的 RNA 样品构建 cDNA 文库,并用 Agilent 2100 生物分析系统对文库的质量进行评估,然后在 Illumina 测序平台(Hiseq 2500)完成测序。

5.1.5　原始数据的处理和质控

高通量测序得到的原始图像数据文件经碱基识别分析转化为原始测序序列,即 raw reads;对原始测序序列进行过滤,获得 clean reads。通过质控的原始测序数据可进行后续的基因表达谱信息分析。

5.1.6　转录本的拼接与组装

采用组装软件 Trinity(Grabherr et al.,2011)对去重复的 clean reads 进行拼接和组装,组装得到的序列称之为转录本,使用 Tgicl (Pertea et al.,2003)将转录本去冗余和进一步拼接,得到最终的 unigene。对于同一物种多个样品的 unigene,再次使用 Tgicl(v2.1)进行去冗余和拼接,得到尽可能长的非冗余 unigene。经 Tgicl 去冗余和拼接得到的 unigene 分为两类:一类是 clusters,即由若干条相似度高 (>70%)的 unigene 聚类成的 cluster,这类 unigene 以 CL 开头,CL 后面接基因家族的编号;另一类是 singletons,以 unigene 开头,代表单独的 unigene。

5.1.7　Unigene 功能注释

Trinity 拼接得到的所有 unigenes 序列集主要通过 6 种数据库进行基因功能的注释与分类,分别为 NT(NCBI nucleotide sequences)、NR (NCBI non-redundant protein sequences)、SWISS-PROT(A manually annotated and reviewed protein sequence database)、GO(Gene Ontology)、COG(Clusters of Orthologous Groups of proteins)和 KEGG(KEGG Orthology database)数据库。其中,利用 NCBI blast v2.2.26 将所有 unigenes 比对到 NR,NT,SWISS-PROT 和 COG 数据库(E-value<10^{-5})(Altschul et al.,1990);采用 Blast2GO v2.5(Conesa et al.,2005)进行 GO 数据库的序列比对;采用 KAAS(KEGG Automatic Annotation Server)进行 KEGG 通路在线注释。

5.1.8　差异基因的表达分析

采用 edgeR 软件(Illumina,San Diego,CA)包进行归一化校正各样品基因的 read count 数(Robinson et al.,2010),采用 DEGseq(Wang et al.,2010)和 DEGseq2(Love et al.,2014)分析样品间的基因表达差异,并对差异表达基因(Differentially expressed genes,DEGs)进行筛选,筛选条件阈值为:q 值< 0.01 与 $|\log_2 \text{fold\_ change}|$>1。采用 GOseq(Young et al.,2010)和 KOBAS(Mao et al.,2005)软件分别对差异表达基因进行 KEGG(Kyoto Encyclopedia of Genes and Genome)和 GO(Gene Ontology)富集分析。

5.1.9　差异表达基因的 qRT-PCR 实验验证

随机选取与免疫反应相关的 10 个 DEGs(差异表达基因)(其中 4 个上调表达基因和 6 个下调表达基因),利用 Primer premier 5.0 软件设计引物(表 5-1),通过实时荧光定量 PCR(Quantitative Real-time PCR,RT-qPCR)验证其在寄生和未寄生的草原毛虫雄性蛹中的表达差异。参照 ReverTra Ace qPCR RT Master Mix with gDNA Remover 试剂盒(TOYOBO,Japan)说明书合成 cDNA 模板。根据 THUNDERBIRD SYBR qPCR Mix 说明书利用 LightCycler $^®$480 II /96 高通量实时荧光定量 PCR 仪(Roche,Rotkreuz,Switzerland)按照表 5-2 的程序完成实时荧光定量 PCR 扩增反应。以 $RPS15$ 作为内参基因(Zhang et al.,2017),采用 $2^{-\triangle\triangle C}$ 法(Livak and Schmittgen,2001)计算各基因的相对表达量。

表 5-1　实时荧光定量 PCR 的引物序列

基因编号	引物名称	引物序列	基因特征
*RPS*15	RPS15-F	CCCGCCAACATCACCACT	Reference
	RPS15-R	CGTAACCACGACGCAACTCC	
CL3388. Contig1_All	3388-F	GCCTGGATCACTCCTCAGA	Target
	3388-R	TTCACCACCAACAGCAAAA	
CL7003. Contig3_All	7003-F	CCAATACCATTTGTGGAAC	Target
	7003-R	TTGATAAGCATCTGAGCCT	
CL10191. Contig2_All	10191-F	ATTTACATCAACCGCCGT	Target
	10191-R	TGACTTTCCCATCCCTAC	
CL12781. Contig2_All	12781-F	TGACTACTGCCCCGCTC	Target
	12781-R	TTGTTGCTTTTTCCACG	
CL250. Contig15_All	250-F	ATTTGTCTATGGGTCTG	Target
	250-R	TGCTACTGTGTGGTTTT	
Unigene3331_All	3331-F	GATTTATGTGCTGTGGAG	Target
	3331-R	TCAGGTTATGATTTGGTA	
CL560. Contig15_All	560-F	ATGATAGATGTAGGAGC	Target
	560-R	AATAGTGTAGGGCAAAG	
CL737. Contig4_All	737-F	AGAGGCGGGTCTCATAA	Target
	737-R	CCCCAAACAGAACTACG	
Unigene10693_All	10693-F	CAACAGGAGATAGGGAAT	Target
	10693-R	TTATGAAGACGGACAGAG	
CL593. Contig37_All	593-F	ACACCCAACATTATCACT	Target
	593-R	AACAAACTCTCACAGCAC	

表 5-2　实时荧光定量 PCR 扩增反应程序

序号	步骤	温度/℃	时间/s	循环
1	预变性	95	30	1
2	变性	95	15	
3	退火	55	15	40
4	延伸	72	30	
5	熔解曲线分析	95	10s	1

5.2　结果与分析

5.2.1　RNA 质量检测结果

电泳检测结果显示(图 5-1)，所有样品中 RNA 的 28S 与 18S 条带清晰，无严重降解。

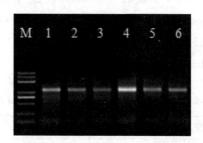

图 5-1　寄生(P)和未寄生(NP)的草原毛虫雄性蛹 RNA 电泳图

泳道 M：Marker；泳道 1～3：未寄生的草原毛虫雄性蛹 RNA；

泳道 4～6：寄生后草原毛虫雄性蛹 RNA

通过检测 RNA 样品的质量浓度和纯度并评估 RNA 的完整性，结果表明(表 5-3)，寄生和未寄生的草原毛虫雄性蛹 RNA 样品 $OD_{260/280}$ 值接近 2.0，RIN(RNA Integrity Number)值大于 6.0，说明 RNA 样品纯度较高，完整性较好，无基因组、蛋白质和其他杂质污染。

表 5-3　寄生(NP)和未寄生(P)的草原毛虫雄性蛹 RNA 质量检测

样品	质量浓度/(ng·μL^{-1})	体积/μL	质量/μg	OD$_{260/280}$	28S/18S	RIN
NP1	986	52	51.272	1.949	0	6.2
NP2	820	52	42.640	2.050	0	6.6
NP3	818	52	42.536	1.952	0	6.2
P1	2 488	52	129.376	1.971	0	6.9
P2	2 356	52	122.512	1.987	0	7.1
P3	1 404	52	73.008	2.017	0	7.0

5.2.2　Illumina 测序与转录本拼接

通过对寄生和未寄生的草原毛虫雄性蛹进行 RNA-Seq,共获得 375 423 046 raw reads。序列过滤后获得高质量 clean reads 共 371 260 704 条(占 raw reads 的 98.89%)。GC 质量分数为 37.17%,Q20(测序错误率小于 1% 的概率)和 Q30(测序错误率小于 0.1% 的概率)分别为 98.03% 和 94.51%,表明本次测序错误率极低,可进行下一步的序列分析。对 clean reads 进行转录本拼接后获得 118 144 条 unigenes,unigenes 的平均长度为 884.33 bp,N50 长度为 1 748 bp(表 5-4)。尽管大部分的 unigenes(57.41%)长度在 200～500 bp,但长度大于 3 000 bp 的 unigenes 仍然有 6 625 条(图 5-2)。

表 5-4　寄生和未寄生的草原毛虫雄性蛹 RNA-Seq 序列汇总信息

测序参数	数量
Total raw reads	375 423 046
Total clean reads	371 260 704
% ≥ Q20	98.03
% ≥ Q30	94.51
GC percentage(%)	37.17
Number of unigenes	118 144
Mean lenth of unienes(bp)	884.33
N50 of unigenes set(bp)	1 748

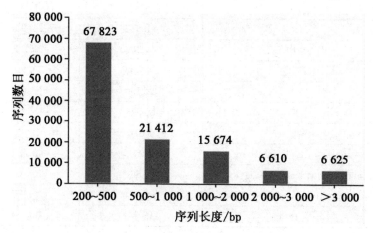

图 5-2　RNA-Seq 获得的序列长度分布

5.2.3　基因功能注释与分类

基因功能注释统计结果显示（表 5-5），在 NR、NT、GO、COG、SWISS-PROT、KEGG 数据库中获得注释的 unigenes 数量以及占 unigenes 总数量的百分比分别为：31 842 条（26.95％）、5 810 条（4.92％）、22 490 条（19.04％）、18 571 条（15.72％）、25 200 条（21.33％）和 24 408（20.66％）。至少在一个数据库中获得注释的 unigenes 为 23 660 条，占 unigenes 总数量的 20.03％；在所有数据库中获得注释的 unigenes 为 3 211 条，占 unigenes 总数量的 2.72％；94 484 条 unigenes 未获得任何注释，占 unigenes 总数量的 79.97％。在 NR 数据库中，31 842 条 unigene 被注释到 697 个物种，获得注释基因的来源物种分布显示（图 5-3），*Vitrella brassicaformis* CCMP3155 获得注释的基因序列最多为 1 982 条，占 unigenes 总数量 6.22％；其次是 *Acanthamoeba castellanii* str. Neff（1 757 5.52％）、*Capsaspora owczarzaki* ATCC 30864（901 2.83％）、*Naegleria gruberi*（872 2.74％）。通路分析结果显示，1 978 条 unigenes 被富集到"immune system"功能簇（图 5-4），2 517 unigenes 被富集到"infectious_diseases：parasitic"功能簇（图 5-5）。

表 5-5　基因功能注释统计(E-value$<10^{-5}$)

数据库	基因数量	百分率/%
NR	31 842	26.95
SWISS-PROT	25 200	21.33
KEGG	24 408	20.66
GO	22 490	19.04
COG	18 571	15.72
NT	5 810	4.92
Annotated in all database	3 211	2.72
Annotated in at least one database	23 660	20.03
No annotation in any database	94 484	79.97
合计	118 144	100.00

COG:Clusters of orthologous groups of protein;GO:Gene Ontology;KEGG:Kyoto Encyclopedia of Genes and Genome;NT:NCBI non-redundant nucleotide sequences;NR:NCBI non-redundant protein sequences.

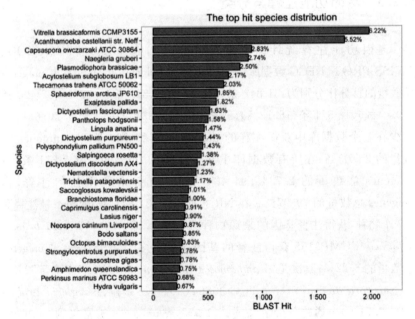

图 5-3　NR 数据库中获得注释基因的物种分布

序列百分比小于 0.67%的物种在图中未显示,

y 轴代表 NR 数据注释的物种,x 轴代表基因的数量

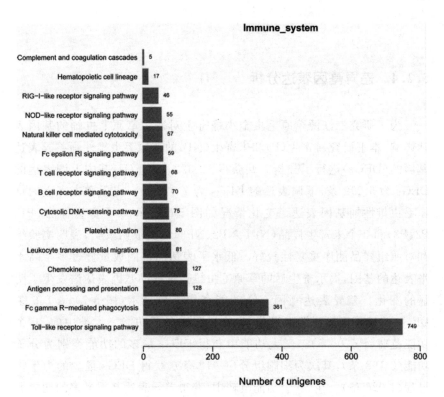

图 5-4　富集到"immune system"通路的基因功能分类柱形图

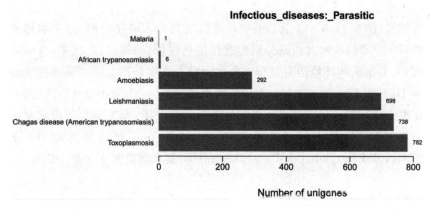

图 5-5　富集到"infectious_diseases：parasitic"通路的基因功能分类柱形图

5.2.4　差异基因表达分析

　　为了研究三江源草原毛虫金小蜂寄生对寄主草原毛虫蛹的基因表达影响,本书研究对寄生(P)和未寄生(NP)的草原毛虫雄性蛹差异表达基因的(DEGs)进行了分析。共获得 12 322 条 DEGs,其中上调表达的 DEGs 为 5 299 条,下调表达的 DEGs 为 7 023 条。寄生和未寄生的草原毛虫雄性蛹基因表达谱变化情况如图 5-6 所示,3 个寄生样品(P1、P2、P3)和 3 个未寄生样品(NP1、NP2、NP3)聚类成两大类,表明实验组和对照组样品测序重复性较好。低水平表达的基因数量显著多于高水平表达的基因,揭示寄生后的草原毛虫雄性蛹样品基因表达谱发生了明显的变化。差异表达基因 GO 功能富集结果显示(图 5-7),6 136 条 DEGs 被显著富集到细胞组分、生物过程和分子功能三大类中的 30 个功能范畴($P<0.05$)。三大功能中获得 DEGs 最多的功能类别为分子功能(3 198 条),其次为细胞组分(1 912 条),获得 DEGs 最少的为生物过程(1 026 条)。在 30 个功能范畴中,获得差异表达基因最多的功能类别为细胞膜(724 条),其次为细胞膜完整组分(692 条),表明寄生行为对寄主草原毛虫雄性蛹的细胞膜组分影响最为显著。根据 KEGG 通路分析结果(图 5-8),6 643 条基因被显著富集到六大通路中的 42 个通路亚类($P<0.05$)。六大通路分别为遗传信息过程、细胞过程、代谢、有机系统、人类疾病和环境信息过程。六大通路分支中获得 DEGs 最多的通路为 Human Diseases(2 142 条),其次为 Organismal Systems(1 413 条),获得 DEGs 最少的通路为 Cellular Processes(450 条)。42 个通路亚类中获得 DEGs 最多的通路为 Signal transduction,被显著富集 783 条 DEGs,其次为 Global and overview maps,被显著富集 471 条 DEGs。

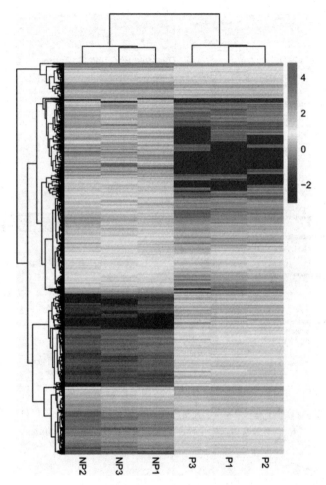

图 5-6　寄生和未寄生草原毛虫雄性蛹差异基因表达聚类热图

注：每列条带代表不用的样品，每行条带代表不同的差异表达基因，
蓝色条带表示低表达水平的基因，红色条带表示高表达水平的基因。

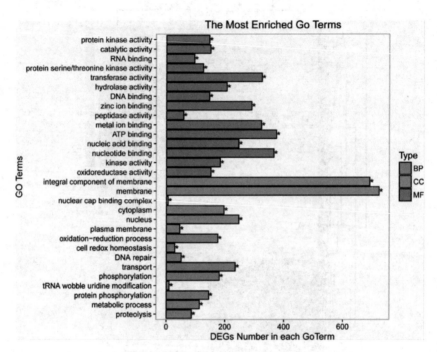

图 5-7　差异表达基因 GO 富集分析

注:左边的 y 轴代表 GO 注释基因,右边的 y 轴代表差异表达基因数量,
星号:显著富集,BP:生物过程,CC:细胞组分,MF:分子功能。

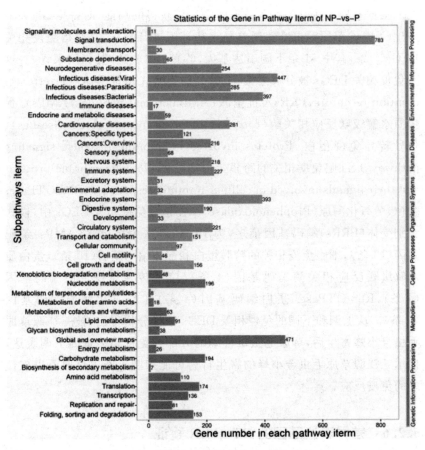

图 5-8　差异表达基因 KEGG 富集统计

注:左边的 y 轴代表 KEGG 注释基因,右边的 y 轴代表差异表达基因数量。

5.2.5 寄生对寄主免疫相关基因表达的影响

　　根据差异表达基因在各数据库中注释获得的功能,对寄生(P)和未寄生(NP)的草原毛虫雄性蛹差异表达基因进行分析,共获得免疫相关DEGs57条,其中51条下调表达基因,6条上调表达基因(附录Ⅸ)。这些免疫相关 DEGs 被分成七大类别,分别为模式识别受体(Pattern recognition receptors,PRRs)、抗菌肽(Antimicrobial peptides,AMPs)、蛋白质水解级联反应相关酶(Enzymes involved in proteolytic cascades)、信号转导免疫蛋白(Proteins involved in immune response signaling pathways)、细胞免疫相关的跨膜蛋白和配体(Transmembrane proteins and their ligands involved in cellular immune responses)、Rho-GTPases 蛋白、酚氧化酶原(Prophenoloxidase)。在这些免疫相关 DEGs 中,模式识别受体(PRRs)编码基因最多,为 19 条;其次为抗菌肽(AMPs)编码基因(13 条),细胞免疫相关的跨膜蛋白和配体编码基因(10 条),蛋白质水解级联反应相关酶编码基因(4 条),信号转导免疫蛋白编码基因(4 条),Rho-GTPases 蛋白编码基因(4 条)和酚氧化酶原编码基因(3 条)。从上调和下调的免疫相关 DEGs 数量分析得出,被三江源草原毛虫金小蜂寄生后,草原毛虫雄性蛹的大部分免疫相关基因下调表达,揭示三江源草原毛虫金小蜂的寄生行为可能抑制了寄主草原毛虫雄性蛹的免疫反应。

5.2.6 差异表达基因的 RT-qPCR 验证

　　对 RNA-Seq 数据的 RT-qPCR 验证结果显示(图 5-9),选取的 10 个与免疫相关的 DEGs 的 RT-qPCR 结果与 RNA-Seq 结果趋势一致,从而证实了 RNA-Seq 数据的可靠性。

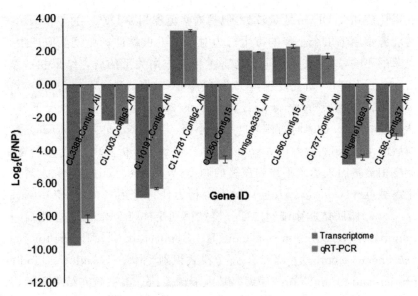

图 5-9　10 个免疫相关差异表达基因的 RT-qPCR 验证

注：黄色为差异表达基因 RT-qPCR 验证结果，蓝色为 RNA-Seq 获得

差异表达基因 DEGseq 数据结果，横坐标为 RNA-Seq 获得的基因编号，

误差线为 3 个生物学重复平均值的标准偏差。

5.3　结论与讨论

　　本书研究通过高通量测序技术获得寄生与未寄生的草原毛虫雄性蛹基因表达谱数据。大部分的转录本长度小于 500 bp，与其他昆虫的测序结果一致（Xiang et al.，2010；Zhu et al.，2012；Li et al.，2016），表明测序可信度较高。基因功能注释结果显示，23 660 条基因至少在一个数据库注释，但仍有 94 484 条基因未注释到任何数据库，占总 unigenes 数量的 79.97%，提示在草原毛虫中还有大量的基因资源有待进一步研究和挖掘。

　　在寄生蜂寄生后，寄主的行为、发育、代谢、激素分泌以及免疫防御会受到影响。其中，免疫防御是寄主在被寄生蜂寄生后最初的生理反应，因此，本书研究对三江源草原毛虫金小蜂寄生和未寄生的草原毛虫雄性蛹免疫相关差异表达基因（DEGs）进行了分析，共获得 14 个基因家族 57 条免疫相关的 DEGs。尽管在排除了许多功能不明确的 DEGs 后获得免疫相关 DEGs 数量较少,但是这些免疫相关 DEGs 的存在揭示了三江源草原毛虫金小蜂的寄生行为对草原毛虫雄性蛹免疫反应产生了显著的影响,这与其他寄生蜂与寄主相互作用关系的研究结果相一致。Zhu et al.(2015)研究发现,在被蝶蛹金小蜂(*Pteromalus puparum*)寄生 1 h 后,寄主菜青虫(*Pieris rapae*)的 21 条免疫相关 DEGs 下调表达;Tang et al.(2014)对椰心叶甲啮小蜂(*Tetrastichus brontispae*)寄生前后的水椰八角铁甲(*Octodonta nipae*)转录组分析发现,寄生后的寄主免疫相关基因表达水平受到显著的调控;Wu et al.(2013)研究发现,二化螟绒茧蜂(*Cotesia chilonis*)的寄生行为使得寄主二化螟(*Chilo suppressalis*)脂肪体和血细胞中部分模式识别受体(PRRs)编码基因(Peptidoglycan recognition protein B, Hemicentin 1, Leureptin and Scavenger receptor)上调表达,部分模式识别受体(β-1,3-glucan-binding protein and immulectin-2α)编码基因下调表达。本书研究结果显示,大部分免疫相关 DEGs 下调表达,推测三江源草原毛虫金小蜂在寄生后的 6～48 h 可能对寄主草原毛虫雄性蛹的免疫反应具有抑制效应。

5.4 小 结

本书研究通过高通量测序技术对三江源草原毛虫金小蜂寄生(寄生后 6～48 h)和未寄生的草原毛虫雄性蛹进行了测序,共获得 371 260 704 条 clean reads 和 118 144 条 unigenes。基因功能注释统计结果显示,至少一个数据中获得注释的 unigenes 为 23 660 条,占 unigenes 总数量的 20.03%,但仍有 94 484 条 unigenes 未获得任何注释,占 unigenes 总数量的 79.97%,表明在草原毛虫中还有大量的基因资源有待进一步研究和挖掘。差异表达基因分析结果显示,在寄生和未寄生的草原毛虫雄性蛹中共获得 12 322 条 DEGs,其中免疫相关的 DEGs 为 57 条。在 57 条免疫相关 DEGs 中,51 条 DEGs 下调表达,占所有免疫相关 DEGs 的 89.5%,表明三江源草原毛虫金小蜂寄生行为可降低草原毛虫雄性蛹免疫相关基因的表达水平,推测可能对草原毛虫雄性蛹的免疫反应具有抑制效应。

第6章 总结和展望

6.1 总 结

本书研究通过抽样调查的方法调查了青海省玉树州高寒牧区草原毛虫分布、生境植被、土壤生态因子等指标,分析了该区域草原毛虫的发生、分布与危害情况,为草原毛虫灾害的预测预报提供了科学的基础数据;在草原毛虫蛹期寄生天敌昆虫种类鉴定、系统发育研究及其寄生天敌昆虫与草原毛虫种群消长关系分析的基础上,确定了用于扩繁与生物防控的草原毛虫寄生天敌昆虫种类,创造性地提出就地取材利用高寒牧区草场高密度分布的草原毛虫蛹作为寄主昆虫规模化扩繁三江源草原毛虫金小蜂的创新思路。通过采集及筛选饱满、完整的草原毛虫蛹,投放于在草场设计营造的适宜三江源草原毛虫金小蜂寄生、发育和扩繁的"小气候",例如具有通风、透气、保湿、保暖特征的叠放的薄石块,移植的独一味植株,用于扩繁的人工岛以及人工繁育巢等,通过这些"小气候"开展三江源草原毛虫金小蜂羽化出蜂,扩繁以及对草原毛虫的生物防控试验;采用 Illumina 测序平台对三江源草原毛虫金小蜂寄生前和寄生后的草原毛虫雄性蛹进行了高通量测序,获得寄生与未寄生的草原毛虫雄性蛹基因表达谱数据信息。通过分析免疫相关的差异表达基因,研究三江源草原毛虫金小蜂寄生行为对寄主草原毛虫蛹免疫反应的影响,探索三江源草原毛虫金小蜂对寄主的寄生分子机制。主要研究成果如下:

(1)玉树州高寒牧区草原毛虫整体呈聚集型分布,集中分布在嘉塘草原、隆宝草原和治多草原海拔 4 200 m 以上的高寒草甸,最大虫口密度可达 200.6 头/m²,30%的调查样地达到重度、极重度危害等级,说明玉树州境内草原毛虫分布密度高,部分地区危害严重,需及时采取有效措施予以防控。草原毛虫种群密度与草甸植被多样性指数以及均匀度指数之间的相关性均不显著($P>0.05$),但与植被总盖度之间存在极显著的负相关关系($P<0.01$),随着草原毛虫种群密度的增加,植被总盖度总体呈逐渐减小的趋势;草原毛虫种群密度与土壤生态因子之间的相关性均不显著($P>0.05$),表明草原毛虫的种群分布受土壤环境的影响较小。草原毛虫种群分布及其生境植被与土壤生态因子的基础调查工作可为草原毛虫灾害的预测预报提供科学的基础数据。

(2)本书研究所采集的草原毛虫寄生蜂为金小蜂科的一个新种,命名为三江源草原毛虫金小蜂(*Pteromalus sanjiangyuanicus*),草原毛虫寄生蝇为寄蝇科鬃堤寄蝇属草毒蛾鬃堤寄蝇(*Chaetogena gynaephorae*)。遗传距离分析结果表明,*P.sanjiangyuanicus* 与 *Philocaenus barbarus* 遗传距离最小,*C.gynaephorae* 与 *Chetogena gelida* 遗传距离最小;系统发育树聚类结果显示,*P.sanjiangyuanicus* 先后与金小蜂科的三个种 *Apocrypta* sp.、*Diaziella bizarrea*、*Philocaenus barbarus* 聚为一支,且与(*Philocaenus barbarus*＋(*Apocrypta* sp.＋*Diaziella bizarrea*))形成姊妹群,表明 *P.sanjiangyuanicus* 与金小蜂科昆虫的亲缘关系较近;*C.gynaephorae* 先后与寄蝇科 *Chetogena* 属的两个物种 *Chetogena gelida* 和 *Chetogena tessellata* 聚为一支,且聚类关系为[*Chetogena tessellata*＋(*Chetogena* sp.＋*Chetogena gelida*)],表明 *C.gynaephorae* 与 *Chetogena* 属亲缘关系较近。三江源草原毛虫金小蜂与草毒蛾鬃堤寄蝇遗传关系与系统发育研究进一步证实了形态学鉴定结果的正确性。三江源草原毛虫金小蜂自然寄生率在 $9.2\%\sim25.0\%$,极显著高于草毒蛾鬃堤寄蝇(自然寄生率在 $0.7\%\sim4.4\%$,$P<0.01$)。三江源草原毛虫金小蜂自然寄生率与下一年的草原毛虫种群密度之间具有显著($P<0.05$)的负相关关系,表明三江源草原毛虫金小蜂对草原毛虫种群增长具有明显的抑制效应,是草原毛虫蛹期的优势寄生天敌,适合大规模扩繁并运用于草原毛虫的生物防控。

(3)三江源草原毛虫金小蜂扩繁试验结果显示,扩繁人工岛实验区以及人工繁育巢实验区三江源草原毛虫金小蜂寄生率显著($P<0.05$)或极显著($P<0.01$)高于对照区,且平均寄生率均在 34.0% 以上,表明扩繁人工岛和人工繁育巢对三江源草原毛虫金小蜂寄生草原毛虫蛹具有显著的促进作用。具有透气遮光防风特征的人工繁育巢 B 实验区三江源草原毛虫金小蜂平均寄生率最大,为 70.3%,约是对照区三江源草原毛虫金小蜂平均寄生率(22.3%)的 3 倍。表明人工繁育巢 B 促进三

江源草原毛虫金小蜂寄生的作用最大,是扩繁三江源草原毛虫金小蜂较为理想的方式。三江源草原毛虫金小蜂在两种"小气候"(薄石块与独一味植株)下的羽化出蜂情况调查结果显示,独一味植株"小气候"下三江源草原毛虫金小蜂出蜂量和羽化出蜂率极显著($P<0.01$)高于薄石块"小气候"下的三江源草原毛虫金小蜂出蜂量和羽化出蜂率,表明独一味植株"小气候"更适宜三江源草原毛虫金小蜂发育及羽化。草原毛虫生物防控实验结果显示:生物防控试验区Ⅰ的 3 个调查样地(A,B,C)三江源草原毛虫金小蜂寄生率增长率别为 69.6%、49.3% 和 70.4%,草原毛虫虫口减退率分别为 71.1%、59.3% 和 76.4%,草原毛虫最终的生物防控效果分别达到 80.9%、69.9% 和 80.3%。生物防控实验区Ⅱ的 3 个调查样地(D、E 和 F)的虫口减退率分别达到 80.3%、90.2% 和 83.2%,生物防控效果分别达到 86.9%、80.2% 和 87.6%。三江草原毛虫金小蜂扩繁及草原毛虫生物防控试验结果总体表明,就地取材在高寒牧区草场利用高密度分布的草原毛虫蛹作为寄主昆虫,通过营造适宜三江源草原毛虫金小蜂寄生生息的"小气候",可以大幅度提高三江源草原毛虫金小蜂对草原毛虫蛹的寄生率及羽化出蜂率,达到全天候、规模化地扩繁三江源草原毛虫金小蜂的生物防控目的。将扩繁的三江源草原毛虫金小蜂定点投放到经预测的草原毛虫虫害发生地,是实现对草原毛虫可持续生物防控的有效方法,对保护青藏高寒牧区草甸生态系统具有重要的意义。

(4)通过高通量测序技术对三江源草原毛虫金小蜂寄生(寄生后6~48 h)和未寄生的草原毛虫雄性蛹进行了测序,共获得 371 260 704 条 clean reads 和 118 144 条 unigenes。基因功能注释的统计结果显示,至少一个数据中获得注释的 unigenes 为 23 660 条,占 unigenes 总数量的 20.03%,但仍有 94 484 条 unigenes 未获得任何注释,占 unigenes 总数量的 79.97%,表明在草原毛虫中还有大量的基因资源有待进一步研究和挖掘。差异表达基因分析结果显示,在寄生和未寄生的草原毛虫雄性蛹中共获得 12 322 条 DEGs,其中免疫相关的 DEGs 为 57 条。在 57 条免疫相关 DEGs 中,51 条 DEGs 下调表达,占所有免疫相关 DEGs 的89.5%,表明三江源草原毛虫金小蜂寄生行为可降低草原毛虫雄性蛹免疫相关基因的表达水平,推测可能对草原毛虫雄性蛹的免疫反应具有抑制效应。

6.2　创新点

（1）创造性地提出就地取材,利用高寒牧区草场高密度分布的草原毛虫蛹作为寄主昆虫规模化扩繁三江源草原毛虫金小蜂的创新思路,开展相关的扩繁与生物防控试验研究。

（2）首次在天敌和寄主共生的原生态环境条件下,以具有聚集习性的草原毛虫作为寄主扩繁天敌昆虫,可繁育出与青藏高寒牧区生境相适宜的寄生天敌,增强了天敌对害虫的生防效果。将扩繁的三江源草原毛虫金小蜂定点投放到经预测的草原毛虫虫害发生地,是实现对草原毛虫可持续生物防控的有效方法,对保护青藏高寒牧区草甸生态系统具有重要的意义。

（3）首次采用高通量测序技术,获得被三江源草原毛虫金小蜂寄生前与寄生后的草原毛虫雄性蛹基因表达谱数据信息,通过分析寄生与未寄生的草原毛虫雄性蛹免疫相关的差异表达基因,研究三江源草原毛虫金小蜂寄生行为对寄主草原毛虫免疫反应的影响,丰富了草原毛虫基因信息资源,为草原毛虫寄生分子机制的进一步探索提供了依据。

6.3　展　望

本书研究就地取材,利用青藏高寒牧区草场草原毛虫蛹作为扩繁天敌三江源草原毛虫金小蜂的寄主昆虫,通过营造适宜天敌昆虫寄生生息的环境提高三江源草原毛虫金小蜂寄生率,达到大规模扩繁的效果。但由于客观条件限制,本书研究仅在青海省玉树州高寒牧区的治多草原和嘉塘草原进行了扩繁与生物防控试验,建议今后在草原毛虫灾害更加严重的地区大规模扩繁三江源草原毛虫金小蜂,并利用无人机技术,将扩繁的三江源草原毛虫金小蜂定点投放到经预测的草原毛虫虫害发生地,大力推进草原毛虫生物防控的推广与示范工作。

为了分析草原毛虫种群分布规律,本书研究在青海省玉树州高寒牧区布设了 10 个调查样地,连续 5 年(2015～2019 年)监测了草原毛虫的种群密度,这对于全面研究青藏高原草原毛虫种群动态变化、预测虫害发生发展规律还有所欠缺。建议今后在草原毛虫监测的过程中,扩大监测范围,增加调查样地数量,延长调查时间,必要时采用遥感技术对整个青藏高原草原毛虫进行大范围、全方位的监测,为青藏高原草原毛虫灾害的预测预报提供更加准确、全面、科学的基础数据。

在自然界中,天敌数量的增加对同一生境中其他昆虫的生态位会产生影响。建议今后在草原毛虫生物防控过程中,对三江源草原毛虫金小蜂扩繁后的生态效应进行研究,分析三江源草原毛虫金小蜂以及同一生境中其他昆虫的生态位阈值,调控三江源草原毛虫金小蜂控释数量,维持青藏高寒牧区的生态平衡。

本书研究通过高通量测序技术获得了寄生和未寄生的草原毛虫雄性蛹基因表达谱数据,但仍有大量的基因信息有待深入分析与挖掘。寄生天敌与寄主之间的寄生关系是复杂的机制,基因表达谱分析所获得的仅是基因转录水平的数据信息,在转录后尚有表达及其翻译后调控等机制。因此,三江源草原毛虫金小蜂与草原毛虫寄生机制的研究还需要进一步结合诸如基因克隆与体外表达、实时荧光定量 PCR、免疫组化、RNAi 等技术,深入研究三江源草原毛虫金小蜂在寄生草原毛虫蛹的过程中发挥关键功能的基因,为研究利用基因表达调控技术扩繁三江源草原毛虫金小蜂奠定理论基础。

参考文献

[1] 包建中,古德祥.中国生物防治[M].太原:山西科学技术出版社,1998.

[2] 曹琼,倪超超.苏云金芽孢杆菌的生物防治安全性研究进展[J].湖北农业科学,2014,53(11):2485-2488.

[3] 陈海霞,罗礼智.双斑截尾寄蝇对寄主种类及草地螟幼虫龄期和寄生部位的选择性[J].昆虫学报,2007,50(11):1129-1134.

[4] 陈亚锋.寄生蜂与非适应性寄主之间的发育和免疫互作的研究[D].杭州:浙江大学,2009.

[5] 陈永尧,张合生.杀灭灵灭治草原毛虫及蝗虫的效果[J].养殖与饲料,2008(9):56-59.

[6] 陈宗麒,缪森,杨翠仙,等.小菜蛾弯尾姬蜂引进及其控害潜能评价[J].植物保护,2003,29(1):22-24.

[7] 池宇,智妍,王诗迪,等.寄蝇亚科部分物种线粒体COI基因DNA条形码分类[J].沈阳师范大学学报(自然科学版),2011,29(3):434-438.

[8] 刁治民.草原毛虫病原微生物的初步研究[J].草业科学,1996,13(1):38-40.

[9] 方洪宾,赵福岳,张振德,等.青藏高原现代生态地质环境遥感调查与演变研究[M].北京:地质出版社,2009.

[10] 范小建.扶贫开发与青藏高原减灾避灾产业发展研究[M].北京:中国农业出版社,2011.

[11] 付伟,赵俊权,杜国祯.青藏高原高寒草地生态补偿机制研究[J].生态经济,2012(10):153-157.

[12] 古德祥,冯双.南中国生物防治之父:蒲蛰龙院士[M].广州:中山大学出版社,2012.

[13] 郭良珍,冯荣杨,梁恩义,等.螟黄赤眼蜂对甘蔗螟虫的控制效果[J].

西南农业大学学报(自然科学版),2001(5):398-400.

[14]郭涛,杨小波,廖香俊,等.海南昌江石碌铁矿尾矿库区植被调查[J].生态学报,2007,27(2):755-762.

[15]韩诗畴,吕欣,李志刚,等.赤眼蜂生物学与繁殖技术研究及应用[J].环境昆虫学报,2020,42(1):1-12.

[16]和晓波,张蕾,潘贤丽,等.影响寄生蝇寄主选择性因素研究进展[J].植物保护,2010,36(3):39-42.

[17]何晓冰,马文辉,王明鑫,等.我国烟蚜茧蜂防治烟蚜技术的研究进展[J].贵州农业科学,2018,46(1):42-46.

[18]何孝德,王薇娟.青海省草原毛虫分布区域及为害等级划分初探[J].草业科学,2003,20(8):45-48.

[19]贺有龙,周华坤,赵新全,等.青藏高原高寒草地的退化及其恢复[J].草业与畜牧,2008(11):1-9.

[20]侯秀敏,徐秀霞.青海省草地鼠虫害预测预报工作展望[J].青海草业,2006,15(3):29-30.

[21]胡红柳,侯晓明,曲波,等.高通量基因表达谱的应用[J].中国乳品工业,2012,40(12):40-43.

[22]胡小朋.应用两种赤眼蜂防治包心菜菜青虫试验[J].农业科技通讯,2014(6):84-88.

[23]胡志坚.西藏色季拉山地区冬虫夏草生境植被与土壤特征研究[D].广州:中山大学,2010.

[24]扈冰宏,邓廷彬.浅谈马尾松毛虫预测预报技术[J].南方农业,2016,10(4):32-34.

[25]黄大卫,肖晖.中国动物志·昆虫纲(第四十二卷)[M].北京:科学出版社,2005.

[26]江小雷,张卫国,杨振宇,等.不同演替阶段鼢鼠土丘群落植物多样性变化研究[J].应用生态学报,2004,15(5):814-818.

[27]阚绪甜.青藏高原草原毛虫及其寄生性天敌调查和系统分类学研究[D].广州:中山大学,2016.

[28]李金垒.青藏高原气候变化的类型与特征浅析[J].南方农业,2017,11(15):109-111.

[29]李少松.冬虫夏草发育过程转录组分析及其寄主昆虫繁育研究[D].广州:中山大学,2016.

[30]李玉利,张永军,赵奎军,等.寄生蜂寄主选择的化学信息调控[J].植物保护,2009,35(3):7-11.

[31]李中新,刘玉升.寄生蜂的繁殖与利用进展[J].山东农业大学学报(自然科学版),2003,34(2):289-293.

[32]廖定熹,李学骝,庞雄飞,等.中国经济昆虫志(第三十四册)·膜翅目·小蜂总科(一)[M].北京:科学出版社,1987.

[33]林乃铨.害虫生物防治[M].北京:科学出版社,2010.

[35]刘爱萍,高书晶,韩海斌.草地害虫绿色防控研发与应用研究[M].北京:中国农业科学技术出版社,2018.

[36]刘建峰,刘志诚,王春夏,等.大量繁殖平腹小蜂防治荔枝蝽蟓的研究[J].昆虫天敌,1995,17(4):177-179.

[37]刘世贵,杨志荣,伍铁桥,等.草原毛虫病毒杀虫剂的研制及其大面积[J].草业学报,1993,2(4):47-50.

[38]刘振魁,严林,梅洁人,等.青海草原毛虫种类的调查研究[J].青海畜牧兽医学院学报,1994,11(1):26-28.

[39]鲁睿.苏云金杆菌和麦蛾柔茧蜂对印度谷螟的联合控制作用研究[D].武汉:华中农业大学,2008.

[40]罗宝君.不同赤眼蜂蜂种防治向日葵螟的应用效果[J].黑龙江农业科学,2015(9):75-77.

[41]罗举,刘宇,龚一飞,等.我国水稻"两迁"害虫越冬情况调查[J].应用昆虫学报,2013(1):253-260.

[42]罗丽林,李莉.寄生蜂适应性生殖行为策略的研究进展[J].河南农业科学,2018,47(6):7-12.

[43]马利青.草原毛虫的研究进展[J].青海畜牧兽医杂志,2013,43(1):40-42.

[44]马少军.西藏那曲地区草原毛虫的发生及其对畜牧业生产影响的调查和防治研究[D].扬州:扬州大学,2010.

[45]马培杰,潘多锋,陈本建,等.草原毛虫对小嵩草草地植被群落的影响[J].草原与草坪,2016,36(5):111-114.

[46]马青山.黄南州草原虫害现状及对策建议[J].青海畜牧兽医杂志,2018,48(1):53-55.

[47]毛玉花,刘晓鹏,雷明霞,等.应用周氏啮小蜂防治草原毛虫的试验[J].试验研究,2016,46(5):81-82.

[48]尼玛,河生德,李长云.草原毛虫引起牦牛口膜炎的防治效果观察[J].草业与畜牧,2011(4):47.

[49]尼玛卓玛.草原毛虫的防治[J].中国畜牧兽医文摘,2015,31(7):48.

[50]潘雪红,黄诚华.赤眼蜂防治甘蔗螟虫应用现状及前景展望[J].安徽农业科学,2010(26):3.

[51]蒲蛰龙.赤眼蜂防治甘蔗螟虫试验简报[J].农业科学通讯,1956(5):311-312.

[52]蒲蛰龙,邓德蔼,刘志诚,等.甘蔗螟虫卵赤眼蜂繁殖利用的研究[J].昆虫学报,1956,6(1):1-35.

[53]蒲蛰龙,何等平,邓德蔼.孟氏隐唇瓢虫和澳洲瓢虫的繁殖和利用[J].中山大学学报,1959(2):1-8.

[54]蒲蛰龙,刘志诚.赤眼蜂大量繁殖及其对甘蔗螟虫的大田防治效果[J].昆虫学报,1962,11(4):409-414.

[55]蒲蛰龙,麦秀慧,黄明度.利用平腹小蜂防治荔枝蝽初报[J].植物保护学报,1962,1(3):301-306.

[56]蒲蛰龙.我国害虫生物防治概况[J].昆虫学报,1976,19(3):247-252.

[57]蒲蛰龙.害虫的生物防治[M].北京:科学出版社,1977.

[58]蒲蛰龙.害虫生物防治的原理与方法[M].北京:科学出版社,1978.

[59]蒲蛰龙.害虫生物防治的原理与方法[M].2版.北京:科学出版社,1984.

[60]蒲蛰龙.利用平腹小蜂防治荔枝蝽象[M].广州:中山大学出版社,1992.

[61]热杰,孙长宏,贺宝珍.不同剂量类产碱生防剂防治草原毛虫试验[J].黑龙江畜牧兽医,2010(10):97.

[62]任程.锐劲特、敌杀死、快杀灵防治草原毛虫田间试验[J].黑龙江畜牧兽医,2003(5):10-12.

[63]仁青才旦.浅谈河南县草原毛虫为害现状及防治措施[J].青海草业,2013,22(2):34-35,46.

[64]沈南英,方伋,晋德馨,等.草原毛虫金小蜂生物学特性的初步研究[J].中国草地学报,1980(1):52-57.

[65]沈南英,刘伯良,曾璐,等.草原毛虫消长规律及预测预报的研究[J].中国草原,1983,30(4):57-61.

[66]沈南英.草原毛虫种群密度与受害程度的关系及防治指标的探讨

[J].中国草地学报,1985(3):63-69.

[67]史国菊,吉汉忠.海北州2010年草地虫害危害趋势预测分析[J].青海草业,2010,19(1):31-35.

[68]史树森,臧连生,刘同先,等.寄生蜂取食寄主特性及其在害虫生物防治中的作用[J].昆虫学报,2009,52(4):424-433.

[69]孙飞达,龙瑞军,路承香.鼠类活动对高寒草甸初级生产力和土壤物理性状的影响[J].水土保持研究,2009,16(3):225-229.

[70]田晓霞.草地螟寄生蜂及其对寄主种群的抑制作用[D].北京:中国农业科学院,2010.

[71]万秀莲,张卫国.草原毛虫幼虫的食性及其空间格局[J].草地学报,2006,14(1):84-88.

[72]王斌,李洁,姜微微,等.草地退化对三江源区高寒草甸生态系统CO_2通量的影响及其原因[J].中国环境科学,2012,32(10):1764-1771.

[73]王进强,许丽月,李发昌,等.温度对优雅岐脉跳小蜂出蜂率及性比的影响[J].环境昆虫报,2019,41(1):161-166.

[74]王海霞.绿僵菌油悬浮剂对蝗虫的防效[J].新疆农业科技,2017(1):39-40.

[75]王兰英.草原毛虫的发生及其防治[J].草业与畜牧,2012(11):31-33.

[76]王小艺,杨忠岐.寄生蜂寻找隐蔽性寄主害虫的行为机制[J].生态学报,2008,28(3):1257-1266.

[77]王问学,宋运堂,伍根庭,等.马尾松毛虫寄生天敌与寄主数量关系的研究[J].中南林学院学报,1989,9(2):185-193.

[78]王朝华.杀灭灵、辛硫磷、高效顺反氯氰菊酯防治草原毛[J].青海畜牧兽医杂志,2000,30(1):21-22.

[79]韦兰亭.那曲地区草原毛虫防治对策[J].乡村科技,2016(11):60-61.

[80]魏学红.西藏草原毛虫的发生及防治对策[J].草原与草坪,2004(2):56-57.

[81]吴文珊,陈友铃,孙伶俐,等.基于28S,COI和Cytb基因序列的薜荔和爱玉子传粉小蜂分子遗传关系研究[J].生态学报,2013,33(19):6049-6057.

[82]武琳琳,王立达,李青超,等.丽蚜小蜂对大棚甜瓜防治温室粉虱的

防治效果[J].黑龙江农业科学,2019(4):40-41.

[83]肖晖,黄大卫.寄生蜂在生物防治中的作用[J].世界农业,1996(8):39-40.

[84]徐延熙,孙绪艮,秦小薇,等.被害马尾松(*Pinusmassoniana*)针叶挥发性物质的提取、鉴定及蚕饰腹寄蝇(*Blepharipa zebina*)的电生理活性[J].生态学报,2007,25(11):372-374.

[85]严林.草原毛虫蛹期寄生天敌种类初步观察[J].青海畜牧兽医杂志,1994,24(6):15-16.

[86]严林.草原毛虫属的分类、地理分布及门源草原毛虫生活史对策的研究[D].兰州:兰州大学,2006.

[87]严林,胡凤祖,吴静,等.烈香杜鹃精油和牛尾蒿精油对门源草原毛虫的生物活性[J].西北农业学报,2009,18(5):58-63.

[88]杨爱莲.西藏、青海部分地区草原毛虫为害严重[J].草业科学,2002,19(5):73-75.

[89]杨帆.9种杀虫剂对草原毛虫的室内效果比较研究[J].青海畜牧兽医杂志,2005,35(4):5-7.

[90]杨慧菊,郭华春.低温胁迫下马铃薯的数字基因表达谱分析[J].作物学报,2017,43(3):454-463.

[91]杨兴卓,张棋麟,李敏,等.栖息于青藏高原不同海拔环境的两种草原毛虫 miRNA 转录组的比较分析[J].中国科学,2018,48(6):671-683.

[92]杨志荣,刘世贵,伍铁桥,等.草原毛虫核型多角体病毒的安全性研究Ⅰ.草原毛虫核型多角体病毒的致病性研究[J].四川大学学报(自然科学版),1990,27(2):232-238.

[93]杨志荣,刘世贵,伍铁桥,等.草原毛虫核型多角体病毒的安全性研究Ⅱ.用 Ames 法检测核型多角体病毒的致突变性[J].四川大学学报(自然科学版),1991,28(4):532-536.

[94]杨志荣,伍铁桥,刘世贵,等.Ⅴ·B草原毛虫生物防治剂的应用技术研究[J].草地学报,1995,3(4):317-323.

[95]杨忠岐,王小艺,王传珍,等.白蛾周氏啮小蜂持续控制美国白蛾的研究[J].林业科学,2005,41(5):72-80.

[96]杨忠岐,王小艺,张翌楠,等.以生物防治为主的综合控制我国重大林木病虫害研究进展[J].中国生物防治学报,2018,34(2):163-183.

[97]杨忠岐,王小艺,钟欣,等.寄生青海草原毛虫的金小蜂:新种(膜翅目:金小蜂科)[J].林业科学,2020,56(2):99-105.

[98]杨忠岐,姚艳霞,曹亮明,等.寄生林木食叶害虫的小蜂[M].北京:科学出版社,2015.

[99]杨忠岐,张永安.重大外来入侵害虫:美国白蛾生物防治技术研究[J].昆虫知识,2007,44(4):465-471.

[100]尹园园,陈浩,翟一凡,等.丽蚜小蜂的繁育与应用研究进展[J].山东农业科学,2018,50(1):158-163.

[101]印象初,李德浩.青海玉树地区草原鸟类食性的初步调查[J].动物学杂志,1966(3):118-119.

[102]于健龙,石红霄.草原毛虫对高寒嵩草草甸植物群落结构及土壤特性的影响[J].安徽农业科学,2010,38(9):4662-4664.

[103]张方平,朱俊洪,李磊,等.寄主大小对副珠蜡蚧阔柄跳小蜂产卵选择及繁殖的影响[J].环境昆虫学报,2017,39(5):1130-1134.

[104]张礼生,陈红印,李保平.天敌昆虫扩繁与应用[M].北京:中国农业科学技术出版社,2014.

[105]张棋麟,袁明龙.草原毛虫研究现状与展望[J].草业科学,2013,30(4):638-646.

[106]张棋麟.两种草原毛虫的比较线粒体基因组学研究[D].兰州:兰州大学,2014.

[107]张勤文,莫重辉,沈明华,等.食入草原毛虫导致放牧羊口腔黏膜溃烂的病理学诊断[J].动物医学进展,2011,32(12):126-129.

[108]张润杰,何新凤.气候变化对农业害虫的潜在影响[J].生态学杂志,1997,16(6):36-40.

[109]张小霞,尹新明,梁振普,等.害虫生物防治技术基础与应用[M].北京:科学出版社,2010.

[110]赵建铭,梁恩义,史永善,等.中国动物志·昆虫纲(第二十三卷)[M].北京:科学出版社,2001.

[111]赵磊,荣璟,李洪泉,等.短稳杆菌悬浮剂对草原毛虫的防治效果[J].草地科学,2017(3):62-64.

[112]赵龙.漯河地区释放花绒寄甲防治云斑天牛效果评价[J].现代园艺,2016(5):5-6.

[113]赵修复.害虫防治展望的我见[J].福建农学院学报,1981(1):1-6.

[114]赵修复.寄生蜂分类纲要[M].北京:科学出版社,1987.

[115]余慧芩,李林霞,于红妍,等.2%苦参碱液剂防治草原毛虫药效试验[J].青海草业,2016,25(4):10-11.

[116]周佳卉,吴纪华.地上植食性昆虫对土壤生态系统影响的研究进展[J].土壤,2017,49(2):232-239.

[117]周尧,印象初.草原毛虫的分类研究[J].昆虫分类学报,1979,1(1):23-28.

[118]朱建青,柴正群.生物防控效果评价初探[J].热带农业科技,2009,32(4):44-46.

[119]朱秀莲.阿维·苏云菌和瑞·苏微乳剂防治草原毛虫的效果观察[J].养殖与饲料,2013(9):7-8.

[120]Altschul S F, Gish W, Miller W, et al.1990.Basic local alignment search tool[J].Journal of Molecular Biology,1990,215:403-410.

[121]Asgari S.Venom proteins from polydnavirus-producing endoparasitoids:their role in host-parasite interactions[J].Archives of insect biochemistry and physiology,2006,61(3):146-156.

[122]Asgari S,Rivers D B.Venom proteins from endoparasitoid wasps and their role in host-parasite interactions[J].Annual Review of Entomology,2011,56:313-335.

[123]Asmann Y W,Klee E W,Thompson EA,et al.3'tag digital gene expression profiling of human brain and universal reference RNA using Illumina Genome Analyzer[J].BMC Genomics,2009,10:531-541.

[124]Awmack C S,Leather S R.Host plant quality and fecundity in herbivous insect[J].Annual Review of Entomology,2002,47:817-844.

[125]Bae S,Kim Y.Host physiological changes due to parasitism of a braconid wasp,*Cotesia plutellae*,on diamondback moth,*Plutella xylostella*[J].Comparative Biochemistry and Physiology A-Molecular & Integrative Physiology,2004,138(1):39-44.

[126]Bardgett R D,Wardle D A.Herbivore-mediated linkages between aboveground and belowground communities[J].Ecology,2003,84(9):2258-2268.

[127]Bardgett R D,Wardle D A.Aboveground-belowground linkages[M].

New York:Oxford University Press,2010.

[128]Beckage N E,Gelman D B.Wasp parasitoid disruption of hostde-velopment:Implications for new biologically based strategies for in-sect control[J].Annual Review of Entomology,2004,49:299-330.

[129]Boucek Z.Australasian Chalcidoidea(Hymenoptera):errors and omissions[M].CAB International Wallingford,1988.

[130]Conesa A,Götz S,García-Gómez J M,et al.Blast2GO:a universal tool for annotation,visualization and analysis in functional genomics research[J].Bioinformatics,2005,21(18):3674-3676.

[131]Cusumano A,Duvic B,Jouan V,et al.First extensive characteriza-tion of the venom gland from an egg parasitoid:Structure,tran-scriptome and functional role[J].Journal of Insect Physiology,2018,107:68-80.

[132]Cui Y D,Du Y Z,Lu M X,et al.Cloning of the heat shock protein 60 gene from the stem borer,*Chilo suppressalis*,and analysis of ex-pression characteristics under heat stress[J].Journal of Insect Science,2010,10:100.

[133]Dong K,Zhang D Q,Dahlman D L.Down-Regulation of Juvenile Hormone Esterase and Arylphorin Production in *Heliothis vires-cens* Larvae Parasitized by *Microplitis croceipes*[J].Archives of Insect Biochemistry and Physiology,1996,32(2):237-248.

[134]Gao X K,Zhang S,Luo J Y,et al.Lipidomics and RNA-Seq study of lipid regulation in *Aphis gossypii* parasitized by *Lysiphlebia japonica*[J].Scientific Reports,2017,7:1364.

[135]Gibson G A P,Huber J T,Woolley J B.Annotated keys to the genera of Nearetic Chalcidoidea(Hymenoptera)[J].NRC Research Press,1997:11-20.

[136]Goubault M,Krespi L,Boivin G,et al.Intraspecific variations in host discrimination behavior in the pupal parasitoid *Pachycrepoideus vin-demmiae* Rondani(Hymenoptera:Pteromalidae)[J].Environmental Entomology,2004,33(2):362-369.

[137]Grabherr M G,Haas B J,Yassour M,et al.Full-length transcrip-tome assembly from RNA-Seq data without a reference genome

[J].Nature biotechnology,2011,29(7):644-652.

[138]Craham W R.The Pteromalidae of north-western Europe(Hymenoptera:Chalcidoidea)[J].Bulletin of the British Museum(Natural History)(Entomology),1969,16:1-908.

[139]Grosman A H,Janssen A,de Brito EF,et al.Parasitoid increases survival of its pupae by inducing hosts to fight predators[J].PLoS One,2008,3(6):e2276.

[140]Gunaratna R T,Jiang H.A comprehensive analysis of the Manduca sexta immunotranscriptome[J].Developmental and Comparative Immunology,2013,39(4):388-398.

[141]King B H,Napoleon M E.Using effects of parasitoid size on fitness to test a host quality model assumption with the parasitoid wasp Spalangia endius[J].Canadian Journal of Zoology,2006,84(11): 1678-1682.

[142]Levin D B,Danks H V,Barber S A.Variations in mitochondrial DNA and gene transcription in freezing-tolerant larvae of *Eurosta solidaginis*(Diptera:Tephritidae)and *Gynaephora groenlandica* (Lepidoptera:Lymantriidae)[J].Insect Molecular Biology,2003, 12(3):281-289.

[143]Li S S,Zhong X,Kan X T,et al.De novo transcriptome analysis of *Thitarodes jiachaensis* before and after infection by the caterpillar fungus *Ophiocordyceps sinensis*[J].Gene,2016,580(2):96-103.

[144]Livak K J,Schmittgen T D.Analysis of relative gene expression data using realtime quantitative PCR and the $2^{-\Delta\Delta Ct}$ method[J]. Methods,2001,25(4):402-408.

[145]Love M I,Huber W,Anders S.Moderated estimation of fold change and dispersion for RNA-seq data with DESeq2[J]. Genome Biology,2014,15(12):550.

[146]Mahadav A,Gerling D,Gottlieb Y,et al.Parasitization by the wasp *Eretmocerus mundus* induces transcription of genes related to immune response and symbiotic bacteria prolife ration in the white fly *Bemisia tabaci*[J].BMC Genomics,2008,9:342.

[147]Mao X,Cai T,Olyarchuk J G,et al.Automated genome annotation and

pathway identification using the KEGG orthology(KO)as a controlled vocabulary[J].Bioinformatics,2005,21(19):3787-3793.

[148]Monteith L G.Influence of host movement on selection of hosts by *Drino bohemica* Mesn.(Diptera:Tachinidae)as determined in an olfactometer [J]. Canadian Entomologist, 1956, 88（10）: 583-586.

[149]Monteith L G.Habituation and associative learning in *Drino bohemica* Mesn(Diptera:Tachinidae)[J].Canadian Entomologist, 1963,95(4):418-426.

[150]Moreau S J M,Guillot S.Advances and prospects on biosynthesis,structures and functions of venom proteins from parasitic wasps[J]. Insect Biochemistry and Molecular Biology,2005,35(11):1209-1223.

[151]Murali-Baskarana R K,Sharma K C,Kaushal P,et al.Role of kairomone in biological control of crop pests-A review[J].Physiological and Molecular Plant Pathology,2018,101:3-15.

[152]Noyes J S.On the numbers of genera and species of Chalcidoidea (Hymenoptera)in the world[J].Entomologists Gazette,1978,29: 163-164.

[153]Nojima S,Schal C,Webster FX,et al.Identification of the sex pheromone of the German Cockroach,Blattella germanica[J].Science,2005,307(5712):1104-1106.

[154]Pennacchio F,Strand M R.Evolution of developmental strategies in parasitic Hymenoptera [J]. Annual Review of Entomology, 2006,51:223-258.

[155]Pertea G,Huang X Q,Liang F,et al.TIGR Gene Indices clustering tools(TGICL):a software system for fast clustering of large EST datasets[J].Bioinformatics,2003,19(5):651-652.

[156]Reeve J D,Murdoch W W.Aggregation by parasitoids in the successful control of the California red scale:A test of thory[J]. Journal of Animal Ecology,1985,543:797-816.

[157]Renou M,Guerrero A.Insect parapheromones in olfaction research andsemiochemical-based pest control strategies[J].Annual Review of Entomology,2000,45:605-630.

[158] Robinson M D, McCarthy D J, Smyth G K. edgeR: a Bioconductor packagefordifferential expression analysis of digital gene expression data[J].Bioinformatics, 2010,26:139-140.

[159] Roth J P,King E G,Thompson A C.Host location behavior by the Tachinid, *Lixophaga diatraeae*[J].Environmental Entomology,1978,7(6):794-798.

[160] Smith A D M,Maelzer D A.Aggregation of parasitoids and density independence of parasitism in field populations of the wasp *Aphytis melinus* and its host,the red scale *Aonidiella aurantii*[J].Ecological Entomology,1986,11(4):425-434.

[161] Tanaka C,Kainoh Y,Honda H.Physical factors in host selection of the parasitoid fly, *Exorista japonica* Townsend(Diptera: Tachinidae)[J].Applied Entomology and Zoology,1999,34(1):91-97.

[162] Tang B Z, Chen J, Hou Y M, et al. Transcriptome immune analysis of the invasive beetle *Octodonta nipae*(Maulik)(Coleoptera: Chrysomelidae) parasitized by *Tetrastichus brontispae* Ferrière(Hymenoptera:Eulophidae)[J].PLoS One,2014,9(3): 1-12.

[163] Vosteen I,Weisser W W,Kunert G.Is there any evidence that aphid alarm pheromones work as prey and host finding kairomones for natural enemies? [J]Ecological Entomology,2016,41(1):1-12.

[164] Wang H Z, Zhong X, Gu L, et al. Analysis of the *Gynaephora qinghaiensis* pupae immune transcriptome in response to parasitization by *Thektogaster* sp.[J]. Archives of Insect Biochemistry & Physiology,2019,100(3):e21533.

[165] Wang H Z,Zhong X,Gu L,et al. Transcriptome characterization and gene expression analysis related to immune response in *Gynaephora qinghaiensis* pupae[J].Journal of Asia-Pacific Entomology,2020,23:458-469.

[166] Wang L, Feng Z, Wang X, et al. DEGseq: an R package for identifying differentially expressed genes from RNA-seq data[J]. Bioinformatics,2010,26(1):136-138.

[167] Wang Z Z,Ye X Q,Shi M,et al.Parasitic insect-derived miRNAs

modulate host development[J]. Nature Communications, 2018, 9:2205.

[168]Wardle D A, Bardgett R D, Klironomos J N, et al. Ecological linkages between aboveground and belowground biota[J]. Science, 2004, 304(5677):1629-1633.

[169]Wellington W G. Some maternal influences on progeny quality in the western tent caterpillar, Molacosoma pluviale(Dyar)[J]. Canadian Entomologist, 1965, 97:1-14.

[170]Wu S F, Sun F D, Qi Y X, et al. Parasitization by *Cotesia chilonis* influences gene expression in fatbody and hemocytes of *Chilo suppressalis*[J]. PLOS One, 2013, 8(9):e74309.

[171]Xiang L X, He D, Dong W R, et al. Deep sequencing based transcriptome profiling analysis of bacteria-challenged Lateolabraxjaponicus reveals insight into the immune-relevant genes in marine fish[J]. BMC Genomics, 2010, 11(1):472.

[172]Ye X Q, Shi M, Huang J H, et al. Parasitoid polydnaviruses and immune interaction with secondary hosts[J]. Developmental and Comparative Immunology, 2018, 83:124-129.

[173]Young M D, Wakefield M J, Smyth G K, et al. Gene ontology analysis for RNA-seq: Accounting for selection bias[J]. Genome Biology, 2010, 11(2):R14.

[174]Yuan M L, Zhang Q L, Wang Z F, et al. Molecular Phylogeny of Grassland Caterpillars(Lepidoptera: Lymantriinae: Gynaephora) Endemic to the Qinghai-Tibetan Plateau[J]. PLOS One, 2015, 10(3):1-16.

[175]Yuan M L, Zhang Q L, Guo Z L, et al. The complete mitochondrial genome of *Gynaephora alpherakii*(Lepidoptera: Lymantriidae)[J]. Mitochondrial DNA, 2016, 27(3):2270-2271.

[176]Zhang L, Zhang Q L, Wang X T, et al. Selection of reference genes for RT-qPCR and expression analysis of high-altitude-related genes in grassland caterpillars(Lepidopter: Erebidae:*Gynaephora*)along an altitude gradient [J]. Ecology and Evolution, 2017, 7(21):9054-9065.

[177]Zhang Q L,Zhang L,Zhao T X,et al.Gene sequence variations and expression patterns of mitochondrial genes are associated with the adaptive evolution of two *Gynaephora* species(Lepidoptera:Lymantriinae) living in different high-elevation environments[J]. Gene,2017,610:148-155.

[178]Zhao D J,Zhang Z Y,Cease A,et al.Efficient utilization of aerobic metabolism helps Tibetan locusts conquer hypoxia[J].BMC genomics,2013,14(1):631.

[179]Zhao W,Shi M,Ye X,et al.Comparative transcriptome analysis of venom glands from *Cotesia vestalis* and *Diadromus collaris*,two endoparasitoids of the host *Plutella xylostella*[J].Scientific Reports,2017,7:1298.

[180]Zhu J Y,Zhao N,Yang B.Global transcriptome profiling of the pine shoot beetle,*Tomicus yunnanensis*(Coleoptera:Scolytinae) [J].PLoS One,2012,7(2):e32291.

[181]Zhu J Y,Yang P,Zhang Z,et al.Transcriptomic immune response of *Tenebrio molitor* pupae to parasitization by *Scleroderma guani*[J].PLoS One,2013,8:e54411.

[182]Zhu Y,Fang Q,Liu Y,et al.The endoparasitoid *Pteromalus puparum* influences host gene expression whith first hour of parasitization[J].Archives of Insect Biochemistry and Physiology, 2015,90(3):140-153.

附录 I 缩略词及中英文对照

英文缩写	英文名称	中文名称
AMPs	Antimicrobial peptides	抗菌肽
BP	Biological process	生物过程
CC	Cellular Component	细胞组分
COG	Clusters of orthologous groups of protein	蛋白质同源群
CTLs	C-type lectins	C型凝集素
DEGs	Differentially expressed genes	差异表达基因
Dscam	Down syndrome cell adhesion molecule	唐氏综合症细胞黏附分子

续表

英文缩写	英文名称	中文名称
GO	Gene Ontology	基因本体数据库
GRPs	β-1,3-glucan-recognition proteins	β-1,3-葡聚糖受体蛋白
KAAS	KEGG Automatic Annotation Server	KEEG 自动注释服务器
KEGG	Kyoto Encyclopedia of Genes and Genome	京都基因与基因组数据库
MF	Molecular Function	分子功能
NCBI	National Center of Biotechnology Information	美国国家生物技术信息中心
NR	NCBI non-redundant protein sequences	NCBI 非冗余蛋白序列数据库
NT	NCBI non-redundant nucleotide sequences	NCBI 非冗余核苷酸序列数据库
PBS	Phosphate buffer solution	磷酸缓冲液
PCR	Polymerase chain reaction	聚合酶链式反应
PDVs	Polydnavriuses	多分 DNA 病毒
PGRPs	Peptidoglycan recognition proteins	肽聚糖受体蛋白
POs	Phenoloxidases	酚氧化酶

续表

英文缩写	英文名称	中文名称
PPOs	Prophenoloxidases	酚氧化酶原
PRRs	Pattern recognition receptors	模式识别受体
RIN	RNA Integrity Number	RNA完整性值
RNA-seq	RNA sequencing	RNA测序
RT-qPCR	Quantitative Real-time PCR	实时荧光定量PCR
Serpin	Serine protease inhibitors	丝氨酸蛋白酶抑制剂
SPs	Serine proteases	丝氨酸蛋白酶
SPHs	Serine proteases non-catalytic homologs	丝氨酸蛋白酶非催化同系物
SRs	Scavenger receptors	清道夫受体
SWISS-PROT	A manually annotated and reviewed protein sequence database	手动注释和审查的蛋白质序列数据库
VLPs	Virus-like particles	类病毒颗粒

附录 Ⅱ 2015~2019 年草原毛虫种群密度调查数据

调查年份	调查样地	种群密度/（头·m^{-2}）					平均值
		样方 1	样方 2	样方 3	样方 4	样方 5	
2015	1#	8	10	2	0	9	5.8
	2#	4	8	0	9	12	6.6
	3#	22	9	18	6	22	15.4
	4#	29	48	1	16	45	27.8
	5#	2	16	0	4	4	5.2
	6#	168	223	269	188	80	185.6
	7#	2	26	17	9	7	12.2
	8#	12	6	25	1	12	11.2
	9#	238	196	176	202	169	196.2
	10#	64	206	204	263	266	200.6

续表

调查年份	调查样地	种群密度/(头·m⁻²)					平均值
		样方 1	样方 2	样方 3	样方 4	样方 5	
2016	1#	0	6	21	36	1	12.8
	2#	12	2	26	10	18	13.6
	3#	5	22	46	17	43	26.6
	4#	41	6	75	24	115	52.2
	5#	12	8	11	15	48	9.2
	6#	206	167	94	186	98	150.2
	7#	27	3	16	7	0	10.6
	8#	2	3	12	0	11	5.6
	9#	231	189	225	163	94	180.4
	10#	146	86	102	178	269	156.2
2017	1#	0	0	8	2	6	3.2
	2#	0	0	14	2	10	5.0
	3#	18	8	10	12	19	13.4
	4#	98	126	26	67	75	78.4
	5#	0	0	3	0	2	1.0
	6#	239	198	106	164	35	148.4
	7#	1	0	6	3	6	3.2
	8#	3	10	1	19	5	7.6
	9#	108	196	124	171	183	156.4
	10#	278	196	202	98	208	196.4

续表

调查年份	调查样地	种群密度/(头·m⁻²)					平均值
		样方1	样方2	样方3	样方4	样方5	
2018	1#	1	5	10	6	0	4.4
	2#	2	1	16	8	4	6.2
	3#	21	15	9	23	16	16.8
	4#	90	21	102	10	3	45.2
	5#	6	13	1	0	7	5.0
	6#	224	152	202	102	47	145.4
	7#	12	4	0	6	7	5.8
	8#	1	0	4	6	1	2.4
	9#	162	173	91	113	64	120.6
	10#	234	76	206	179	187	176.4
2019	1#	1	4	0	0	6	2.2
	2#	6	4	0	8	3	4.2
	3#	9	0	10	12	16	9.4
	4#	45	92	24	68	22	50.2
	5#	7	13	1	1	4	5.2
	6#	182	78	116	34	122	106.4
	7#	1	4	7	0	4	3.2
	8#	9	2	12	6	3	6.4
	9#	81	126	56	69	119	90.2
	10#	238	286	36	102	270	186.4

附录Ⅲ　2015～2019年草原毛虫生境植被调查数据

植被调查指标

调查样地	指数(D)					Shannon-Wiener多样性指数(H)					均匀度指数(E)					总盖度(C)/%				
	样方1	样方2	样方3	样方4	样方5	样方1	样方2	样方3	样方4	样方5	样方1	样方2	样方3	样方4	样方5	样方1	样方2	样方3	样方4	样方5
1#	0.42	0.54	0.60	0.75	0.79	0.85	1.15	1.37	1.60	1.83	0.53	0.59	0.77	0.77	0.80	92.6	83.2	85.0	90.8	86.2
2#	0.57	0.60	0.71	0.69	0.63	0.97	1.29	1.50	1.28	1.10	0.70	0.56	0.72	0.71	0.80	83.6	91.6	83.8	90.2	82.6
3#	0.72	0.21	0.61	0.65	0.72	1.50	0.52	1.13	1.30	1.54	0.65	0.23	0.58	0.67	0.67	82.3	75.6	72.2	80.4	70.5
4#	0.74	0.57	0.68	0.67	0.59	1.48	1.03	1.34	1.36	1.19	0.76	0.49	0.64	0.70	0.61	96.4	92.6	92.2	94.1	96.6
5#	1.43	1.21	1.20	1.13	0.99	1.10	1.11	1.40	2.00	1.42	0.53	0.53	0.72	0.74	0.73	83.2	80.8	90.4	78.4	80.1
6#	0.61	0.65	0.33	0.78	0.32	1.23	1.31	0.71	1.75	0.71	0.59	0.73	0.40	0.80	0.44	60.6	54.6	68.4	57.6	49.8
7#	0.58	0.60	0.66	0.52	0.45	1.05	1.25	1.26	1.05	0.99	0.59	0.57	0.71	0.48	0.55	88.5	97.4	92.6	96.6	87.8
8#	0.67	0.63	0.40	0.62	0.55	1.34	1.12	0.92	1.23	0.94	0.56	0.54	0.40	0.63	0.59	92.2	89.2	94.2	88.2	98.2
9#	0.56	0.66	0.61	0.61	0.31	0.99	1.37	1.34	1.22	0.78	0.51	0.59	0.58	0.53	0.34	45.8	55.6	70.2	72.4	58.0
10#	0.64	0.53	0.62	0.59	0.60	0.98	1.02	1.13	0.90	0.90	0.52	0.58	0.63	0.64	0.70	92.6	83.2	85.0	90.8	86.2

附录Ⅳ 2015～2019 年草原毛虫生境土壤生态因子调查数据

调查样地	土壤生态因子调查指标																								
	温度/℃					含水量/%					总盐/(g·kg⁻¹)					电导率/(S·m⁻¹)					pH值				
	样方1	样方2	样方3	样方4	样方5	样方1	样方2	样方3	样方4	样方5	样方1	样方2	样方3	样方4	样方5	样方1	样方2	样方3	样方4	样方5	样方1	样方2	样方3	样方4	样方5
1#	16	13	12	12	16	38.0	38.0	38.0	36.0	38.0	0.160	0.150	0.170	0.180	0.160	0.030	0.030	0.030	0.030	0.030	5.6	5.7	5.2	5.8	6.2
2#	15	17	21	21	20	14.0	36.0	36.0	40.0	34.0	0.150	0.150	0.140	0.140	0.130	0.040	0.030	0.040	0.030	0.020	6.0	5.8	6.4	6.2	6.6
3#	21	20	21	19	20	32.0	36.0	34.0	36.0	34.0	0.180	0.140	0.130	0.140	0.140	0.020	0.017	0.018	0.012	0.014	5.3	5.6	5.8	5.8	5.0
4#	21	21	22	24	24	34.0	36.0	35.0	37.0	38.0	0.190	0.160	0.190	0.160	0.150	0.030	0.020	0.020	0.020	0.022	6.1	6.4	6.0	6.2	6.3
5#	25	25	23	24	22	30.0	30.0	36.0	32.0	32.0	0.130	0.130	0.130	0.130	0.130	0.020	0.020	0.020	0.020	0.020	6.0	5.8	5.9	5.6	5.7
6#	23	21	22	24	25	11.0	4.0	9.0	5.0	2.0	0.200	0.150	0.170	0.170	0.140	0.010	0.010	0.010	0.010	0.000	6.8	6.4	7.2	6.9	6.7
7#	27	25	24	25	25	3.0	14.0	7.0	7.0	11.0	0.140	0.180	0.160	0.150	0.170	0.000	0.000	0.000	0.010	0.000	5.8	5.6	5.8	5.6	6.2
8#	23	26	25	28	28	7.0	1.0	0.0	4.0	0.0	0.190	0.150	0.130	0.150	0.110	0.010	0.000	0.010	0.010	0.000	6.2	5.8	5.9	6.1	6.0
9#	16	17	18	20	20	14.0	13.0	9.0	12.0	9.0	0.180	0.190	0.210	0.180	0.150	0.010	0.010	0.010	0.010	0.010	5.9	5.6	6.4	5.8	5.3
10#	16	21	21	22	22	2.0	4.0	0.0	2.0	14.0	0.150	0.130	0.040	0.090	0.160	0.000	0.000	0.010	0.000	0.010	6.3	5.8	6.2	6.0	6.3

附录Ⅴ 2015~2019年三江源草原毛虫金小蜂与草毒蛾鬃堤寄蝇自然寄生率调查数据

调查年份及样地（年份-样地）	调查样方	毛虫蛹数量/个	被草原毛虫金小蜂寄生的毛虫蛹数量/个	草原毛虫金小蜂寄生率/%	被草毒蛾鬃堤寄蝇寄生的毛虫蛹数量/个	草毒蛾鬃堤寄蝇寄生率/%	被草原毛虫金小蜂和草毒蛾鬃堤寄蝇寄生的毛虫蛹数量/个	总寄生率/%
2015-1#	1	0	0	0.0	0	0.0	0	0.0
	2	9	2	22.2	1	11.1	3	33.3
	3	0	0	0.0	1	0.0	1	0.0
	4	8	3	37.5	0	0.0	3	37.5
	5	4	1	25.0	0	0.0	1	25.0
	6	8	3	37.5	0	0.0	3	37.5

续表

调查年份及样地（年份-样地）	调查样方	毛虫蛹数量/个	被草原毛虫金小蜂寄生的毛虫蛹数量/个	草原毛虫金小蜂寄生率/%	被草毒蛾鬃堤寄蝇寄生的毛虫蛹数量/个	草毒蛾鬃堤寄蝇寄生率/%	被草原毛虫金小蜂和草毒蛾鬃堤寄蝇寄生的毛虫蛹数量/个	总寄生率/%
2015-1#	7	0	0	0.0	0	0.0	0	0.0
	8	8	2	25.0	1	12.5	3	37.5
	9	0	0	0.0	0	0.0	0	0.0
	10	12	5	41.7	1	8.3	6	50.0
	平均值	—	—	18.9	—	3.5	—	22.1
2015-2#	1	7	2	28.6	1	14.3	3	42.9
	2	0	0	0.0	0	0.0	0	0.0
	3	3	1	33.3	0	0.0	1	33.3
	4	0	0	0.0	0	0.0	0	0.0
	5	0	0	0.0	0	0.0	0	0.0
	6	3	1	33.3	0	0.0	1	33.3
	7	0	0	0.0	0	0.0	0	0.0
	8	0	0	0.0	0	0.0	0	0.0
	9	2	1	50.0	0	0.0	1	50.0
	10	0	0	0.0	0	0.0	0	0.0
	平均值	—	—	14.5	—	1.4	—	16.0

青藏高寒牧区草场草原毛虫生物防控研究

续表

调查年份及样地（年份-样地）	调查样方	毛虫蛹数量/个	被草原毛虫金小蜂寄生的毛虫蛹数量/个	草原毛虫金小蜂寄生率/%	被草毒蛾鬃堤寄蝇寄生的毛虫蛹数量/个	草毒蛾鬃堤寄蝇寄生率/%	被草原毛虫金小蜂和草毒蛾鬃堤寄蝇寄生的毛虫蛹数量/个	总寄生率/%
2015-3#	1	0	0	0.0	0	0.0	0	0.0
	2	0	0	0.0	0	0.0	0	0.0
	3	3	1	33.3	0	0.0	1	33.3
	4	4	1	25.0	1	25.0	2	50.0
	5	0	0	0.0	0	0.0	0	0.0
	6	0	0	0.0	0	0.0	0	0.0
	7	0	0	0.0	0	0.0	0	0.0
	8	6	2	33.3	1	0.0	3	50.0
	9	0	0	0.0	1	0.0	1	0.0
	10	0	0	0.0	2	0.0	2	0.0
	平均值	—	—	9.2	—	2.5	—	13.3
2015-4#	1	32	11	34.4	1	3.1	12	37.5
	2	20	4	20.0	2	10.0	6	30.0
	3	15	3	20.0	0	0.0	3	20.0
	4	9	1	11.1	0	0.0	1	20.0
	5	21	5	23.8	2	9.5	7	33.3

续表

调查年份及样地（年份-样地）	调查样方	毛虫蛹数量/个	被草原毛虫金小蜂寄生的毛虫蛹数量/个	草原毛虫金小蜂寄生率/%	被草毒蛾鬃堤寄蝇寄生的毛虫蛹数量/个	草毒蛾鬃堤寄蝇寄生率/%	被草原毛虫金小蜂和草毒蛾鬃堤寄蝇寄生的毛虫蛹数量/个	总寄生率/%
2015-4#	6	10	1	10.0	0	0.0	1	10.0
	7	24	4	16.7	1	4.2	5	20.8
	8	6	1	16.7	0	0.0	1	16.7
	9	28	7	25.0	1	3.6	8	28.6
	10	21	6	28.6	1	4.8	7	33.3
	平均值	—	—	20.6	—	3.5	—	24.1
2015-5#	1	6	1	16.7	0	0.0	1	16.7
	2	6	1	16.7	0	0.0	1	16.7
	3	0	0	0.0	0	0.0	0	0.0
	4	8	1	12.5	0	0.0	1	12.5
	5	0	0	0.0	0	0.0	0	0.0
	6	5	1	20.0	0	0.0	1	20.0
	7	0	0	0.0	0	0.0	0	0.0
	8	6	1	16.7	1	16.7	2	33.3
	9	0	0	0.0	0	0.0	0	0.0
	10	10	3	30.0	1	10.0	4	40.0
	平均值	—	—	11.3	—	2.7	—	13.9

续表

调查年份及样地（年份-样地）	调查样方	毛虫蛹数量/个	被草原毛虫金小蜂寄生的毛虫蛹数量/个	草原毛虫金小蜂寄生率/%	被草毒蛾鬃堤寄蝇寄生的毛虫蛹数量/个	草毒蛾鬃堤寄蝇寄生率/%	被草原毛虫金小蜂和草毒蛾鬃堤寄蝇寄生的毛虫蛹数量/个	总寄生率/%
2015-8#	1	8	1	12.5	0	0.0	1	12.5
	2	6	2	33.3	0	0.0	2	33.3
	3	0	0	0.0	0	0.0	0	0.0
	4	11	2	18.2	1	9.1	3	27.3
	5	10	3	30.0	0	0.0	3	30.0
	6	7	2	28.6	0	0.0	2	28.6
	7	9	2	22.2	1	11.1	3	33.3
	8	13	4	30.8	0	0.0	4	30.8
	9	6	1	16.7	0	0.0	1	16.7
	10	9	2	22.2	1	11.1	3	33.3
	平均值	—	—	21.4	—	3.1	—	24.6
2016-1#	1	15	4	26.7	1	6.7	5	33.3
	2	9	2	22.2	1	11.1	3	33.3
	3	11	3	27.3	0	0.0	3	27.3
	4	12	4	33.3	1	8.3	5	41.7
	5	7	3	42.9	0	0.0	3	42.9

续表

调查年份及样地（年份-样地）	调查样方	毛虫蛹数量/个	被草原毛虫金小蜂寄生的毛虫蛹数量/个	草原毛虫金小蜂寄生率/%	被草毒蛾鬃堤寄蝇寄生的毛虫蛹数量/个	草毒蛾鬃堤寄蝇寄生率/%	被草原毛虫金小蜂和草毒蛾鬃堤寄蝇寄生的毛虫蛹数量/个	总寄生率/%
2016-1#	6	4	1	25.0	0	0.0	1	25.0
	7	14	4	28.6	0	0.0	4	28.6
	8	11	3	27.3	1	9.1	4	36.4
	9	0	0	0.0	0	0.0	0	0.0
	10	0	0	0.0	0	0.0	0	0.0
	平均值	—	—	23.3	—	3.5	—	26.8
2016-2#	1	9	1	11.1	1	11.1	2	22.2
	2	11	2	18.2	0	0.0	2	18.2
	3	0	0	0.0	0	0.0	0	0.0
	4	8	2	25.0	0	0.0	2	25.0
	5	6	2	33.3	0	0.0	2	33.3
	6	12	3	25.0	1	8.3	4	33.3
	7	4	1	25.0	0	0.0	1	25.0
	8	10	2	20.0	1	10.0	3	30.0
	9	9	2	22.2	0	0.0	2	22.2
	10	15	5	33.3	1	6.7	6	40.0
	平均值	—	—	21.3	—	3.6	—	24.9

续表

调查年份及样地（年份-样地）	调查样方	毛虫蛹数量/个	被草原毛虫金小蜂寄生的毛虫蛹数量/个	草原毛虫金小蜂寄生率/%	被草毒蛾鬃堤寄蝇寄生的毛虫蛹数量/个	草毒蛾鬃堤寄蝇寄生率/%	被草原毛虫金小蜂和草毒蛾鬃堤寄蝇寄生的毛虫蛹数量/个	总寄生率/%
2016-3#	1	25	6	24.0	1	4.0	7	28.0
	2	14	4	28.6	0	0.0	4	28.6
	3	11	3	27.3	1	9.1	4	36.4
	4	0	0	0.0	2	0.0	2	0.0
	5	8	1	12.5	0	0.0	1	12.5
	6	21	7	33.3	1	4.8	8	38.1
	7	12	3	25.0	1	8.3	4	33.3
	8	8	3	37.5	0	0.0	3	0.0
	9	13	4	30.8	0	0.0	4	30.8
	10	16	5	31.3	0	0.0	5	31.3
	平均值	—	—	25.0	—	2.6	—	23.9
2016-4#	1	4	0	0.0	0	0.0	0	0.0
	2	9	1	11.1	2	22.2	3	33.3
	3	7	2	28.6	0	0.0	2	28.6
	4	9	1	11.1	2	22.2	3	33.3
	5	0	0	0.0	0	0.0	0	0.0

续表

调查年份及样地（年份-样地）	调查样方	毛虫蛹数量/个	被草原毛虫金小蜂寄生的毛虫蛹数量/个	草原毛虫金小蜂寄生率/%	被草毒蛾鬃堤寄蝇寄生的毛虫蛹数量/个	草毒蛾鬃堤寄蝇寄生率/%	被草原毛虫金小蜂和草毒蛾鬃堤寄蝇寄生的毛虫蛹数量/个	总寄生率/%
2016-4#	6	8	0	0.0	0	0.0	0	0.0
	7	9	3	33.3	0	0.0	3	33.3
	8	0	0	0.0	0	0.0	0	0.0
	9	0	0	0.0	0	0.0	0	0.0
	10	5	1	20.0	0	0.0	1	20.0
	平均值	—	—	10.4	—	4.4	—	14.9
2016-5#	1	6	2	33.3	1	16.7	3	50.0
	2	0	0	0.0	0	0.0	0	0.0
	3	2	1	50.0	0	0.0	1	50.0
	4	8	2	25.0	1	12.5	3	37.5
	5	0	0	0.0	0	0.0	0	0.0
	6	8	2	25.0	0	0.0	2	25.0
	7	3	1	33.3	0	0.0	1	33.3
	8	9	1	11.1	2	22.2	3	33.3
	9	0	0	0.0	0	0.0	0	0.0
	10	5	2	40.0	0	0.0	2	40.0
	平均值	—	—	21.8	—	5.1	—	21.9

续表

调查年份及样地（年份-样地）	调查样方	毛虫蛹数量/个	被草原毛虫金小蜂寄生的毛虫蛹数量/个	草原毛虫金小蜂寄生率/%	被草毒蛾鬃堤寄蝇寄生的毛虫蛹数量/个	草毒蛾鬃堤寄蝇寄生率/%	被草原毛虫金小蜂和草毒蛾鬃堤寄蝇寄生的毛虫蛹数量/个	总寄生率/%
2016-8#	1	4	1	25.0	0	0.0	1	25.0
	2	8	1	12.5	0	0.0	1	12.5
	3	0	0	0.0	0	0.0	0	0.0
	4	6	0	0.0	0	0.0	0	0.0
	5	7	1	14.3	0	0.0	1	14.3
	6	12	2	16.7	1	8.3	3	25.0
	7	6	1	16.7	0	0.0	1	16.7
	8	5	2	40.0	0	0.0	2	40.0
	9	3	1	33.3	0	0.0	1	33.3
	10	5	1	20.0	0	0.0	1	20.0
	平均值	5.6	—	17.8	—	0.8	—	18.7
2017-1#	1	3	1	33.3	0	0.0	1	33.3
	2	4	1	25.0	0	0.0	1	25.0
	3	5	1	20.0	0	0.0	1	20.0
	4	6	2	33.3	0	0.0	2	33.3
	5	4	1	25.0	0	0.0	1	25.0

续表

调查年份及样地（年份-样地）	调查样方	毛虫蛹数量/个	被草原毛虫金小蜂寄生的毛虫蛹数量/个	草原毛虫金小蜂寄生率/%	被草毒蛾鬃堤寄蝇寄生的毛虫蛹数量/个	草毒蛾鬃堤寄蝇寄生率/%	被草原毛虫金小蜂和草毒蛾鬃堤寄蝇寄生的毛虫蛹数量/个	总寄生率/%
2017-1#	6	0	0	0.0	0	0.0	0	0.0
	7	4	1	25.0	0	0.0	1	25.0
	8	7	2	28.6	0	0.0	2	28.6
	9	10	2	20.0	1	10.0	3	30.0
	10	0	0	0.0	0	0.0	0	0.0
	平均值	—	—	21.0	—	1.0	—	22.0
2017-2#	1	6	2	33.3	0	0.0	2	33.3
	2	5	1	20.0	0	0.0	1	20.0
	3	0	0	0.0	0	0.0	0	0.0
	4	4	1	25.0	0	0.0	1	25.0
	5	14	4	28.6	1	7.1	5	35.7
	6	8	1	12.5	0	0.0	1	12.5
	7	0	0	0.0	0	0.0	0	0.0
	8	5	1	20.0	0	0.0	1	20.0
	9	4	1	25.0	0	0.0	1	25.0
	10	3	1	33.3	0	0.0	1	33.3
	平均值	4.9	—	19.8	—	0.7	—	20.5

续表

调查年份及样地（年份-样地）	调查样方/个	毛虫蛹数量/个	被草原毛虫金小蜂寄生的毛虫蛹数量/个	草原毛虫金小蜂寄生率/%	被草毒蛾鬃提寄蝇寄生的毛虫蛹数量/个	草毒蛾鬃提寄蝇寄生率/%	被草原毛虫金小蜂和草毒蛾鬃提寄蝇寄生的毛虫蛹数量/个	总寄生率/%
2017-3#	1	0	0	0.0	0	0.0	0	0.0
	2	7	2	28.6	0	0.0	2	28.6
	3	7	2	28.6	0	0.0	2	28.6
	4	7	2	28.6	1	14.3	3	42.9
	5	0	0	0.0	0	0.0	0	0.0
	6	9	3	33.3	0	0.0	3	33.3
	7	3	1	33.3	0	0.0	1	33.3
	8	0	0	0.0	0	0.0	0	0.0
	9	8	2	25.0	0	0.0	2	25.0
	10	5	1	20.0	0	0.0	1	20.0
	平均值	—	—	19.7	—	1.4	—	21.2
2017-4#	1	68	13	19.1	1	1.5	14	20.6
	2	78	12	15.4	1	1.3	13	16.7
	3	31	6	19.4	1	3.2	7	22.6
	4	41	6	14.6	1	2.4	7	17.1
	5	48	7	14.6	0	0.0	7	14.6

续表

调查年份及样地（年份-样地）	调查样方	毛虫蛹数量/个	被草原毛虫金小蜂寄生的毛虫蛹数量/个	草原毛虫金小蜂寄生率/%	被草毒蛾鬃堤寄蝇寄生的毛虫蛹数量/个	草毒蛾鬃堤寄蝇寄生率/%	被草原毛虫金小蜂和草毒蛾鬃堤寄蝇寄生的毛虫蛹数量/个	总寄生率/%
2017-4#	6	61	9	14.8	1	1.6	10	16.4
	7	18	3	16.7	0	0.0	3	16.7
	8	12	3	25.0	0	0.0	3	25.0
	9	58	11	19.0	1	1.7	12	20.7
	10	35	5	14.3	0	0.0	5	14.3
	平均值	45	—	17.3	—	1.2	—	18.5
2017-5#	1	3	1	33.3	0	0.0	1	33.3
	2	6	1	16.7	0	0.0	1	16.7
	3	0	0	0.0	0	0.0	0	0.0
	4	0	0	0.0	0	0.0	0	0.0
	5	9	2	22.2	1	11.1	3	33.3
	6	4	1	25.0	0	0.0	1	25.0
	7	2	0	0.0	0	0.0	0	0.0
	8	7	2	28.6	0	0.0	2	28.6
	9	4	1	25.0	0	0.0	1	25.0
	10	6	2	33.3	0	0.0	2	33.3
	平均值	—	—	18.4	—	1.1	—	19.5

续表

调查年份及样地（年份-样地）	调查样方	毛虫蛹数量/个	被草原毛虫金小蜂寄生的毛虫蛹数量/个	草原毛虫金小蜂寄生率/%	被草毒蛾鳃堤寄蝇寄生的毛虫蛹数量/个	草毒蛾鳃堤寄蝇寄生率/%	被草原毛虫金小蜂和草毒蛾鳃堤寄蝇寄生的毛虫蛹数量/个	总寄生率/%
2017-8#	1	8	2	25.0	0	0.0	2	25.0
	2	6	1	16.7	0	0.0	1	16.7
	3	10	3	30.0	0	0.0	3	30.0
	4	11	2	18.2	1	9.1	3	27.3
	5	6	2	33.3	0	0.0	2	33.3
	6	9	2	22.2	0	0.0	2	22.2
	7	5	1	20.0	0	0.0	1	20.0
	8	0	0	0.0	0	0.0	0	0.0
	9	7	2	28.6	0	0.0	2	28.6
	10	4	1	25.0	0	0.0	1	25.0
	平均值	—	—	21.9	—	0.9	—	22.8
2018-1#	1	10	2	20.0	1	10.0	3	30.0
	2	3	1	33.3	0	0.0	1	33.3
	3	8	2	25.0	0	0.0	2	25.0
	4	6	2	33.3	0	0.0	2	33.3
	5	4	1	25.0	0	0.0	1	25.0

续表

调查年份及样地（年份-样地）	调查样方	毛虫蛹数量/个	被草原毛虫金小蜂寄生的毛虫蛹数量/个	草原毛虫金小蜂寄生率/%	被草毒蛾鬃堤寄蝇寄生的毛虫蛹数量/个	草毒蛾鬃堤寄蝇寄生率/%	被草原毛虫金小蜂和草毒蛾鬃堤寄蛹寄生的毛虫蛹数量/个	总寄生率/%
2018-1#	6	0	0	0.0	0	0.0	0	0.0
	7	2	0	0.0	0	0.0	0	0.0
	8	4	1	25.0	0	0.0	1	25.0
	9	6	2	33.3	0	0.0	2	33.3
	10	7	2	28.6	0	0.0	2	28.6
	平均值	—	—	22.4	—	1.0	—	23.4
2018-2#	1	10	2	20.0	1	10.0	3	30.0
	2	5	1	20.0	0	0.0	1	20.0
	3	11	2	18.2	1	9.1	3	27.3
	4	5	1	20.0	0	0.0	1	20.0
	5	8	2	25.0	0	0.0	2	25.0
	6	7	2	28.6	0	0.0	2	28.6
	7	7	2	28.6	0	0.0	2	28.6
	8	5	1	20.0	0	0.0	1	20.0
	9	0	0	0.0	0	0.0	0	0.0
	10	4	1	25.0	0	0.0	1	25.0
	平均值	6.2	—	20.5	—	1.9	—	22.4

青藏高寒牧区草场草原毛虫生物防控研究

续表

调查年份及样地（年份-样地）	调查样方	毛虫蛹数量/个	被草原毛虫金小蜂寄生的毛虫蛹数量/个	草原毛虫金小蜂寄生率/%	被草毒蛾鬃堤寄蝇寄生的毛虫蛹数量/个	草毒蛾鬃堤寄蝇寄生率/%	被草原毛虫金小蜂和草毒蛾鬃堤寄蝇寄生的毛虫蛹数量/个	总寄生率/%
2018-3#	1	7	2	28.6	0	0.0	2	28.6
	2	10	3	30.0	1	10.0	4	40.0
	3	6	2	33.3	0	0.0	2	33.3
	4	4	0	0.0	0	0.0	0	0.0
	5	2	0	0.0	0	0.0	0	0.0
	6	8	2	25.0	0	0.0	2	25.0
	7	10	3	30.0	1	10.0	4	40.0
	8	0	0	0.0	0	0.0	0	0.0
	9	4	1	25.0	0	0.0	1	25.0
	10	6	2	33.3	0	0.0	2	33.3
	平均值	5.7	—	20.5	—	2.0	—	22.5
2018-4#	1	21	2	9.5	1	4.8	3	14.3
	2	7	0	0.0	0	0.0	0	0.0
	3	18	2	11.1	1	5.6	3	16.7
	4	12	3	25.0	0	0.0	3	25.0
	5	52	8	15.4	1	1.9	9	17.3

续表

调查年份及样地（年份-样地）	调查样方	毛虫蛹数量/个	被草原毛虫金小蜂寄生的毛虫蛹数量/个	草原毛虫金小蜂寄生率/%	被草毒蛾鬃堤寄蝇寄生的毛虫蛹数量/个	草毒蛾鬃堤寄蝇寄生率/%	被草原毛虫金小蜂和草毒蛾鬃堤寄蝇寄生的毛虫蛹数量/个	总寄生率/%
2018-4#	6	21	3	14.3	0	0.0	3	14.3
	7	13	4	30.8	0	0.0	4	30.8
	8	31	7	22.6	1	3.2	8	25.8
	9	49	8	16.3	3	6.1	11	22.4
	10	50	6	12.0	2	4.0	8	16.0
	平均值	27.4	—	15.7	—	2.6	—	18.3
2018-5#	1	0	0	0.0	0	0.0	0	0.0
	2	8	2	25.0	1	12.5	3	37.5
	3	5	1	20.0	0	0.0	1	20.0
	4	5	1	20.0	0	0.0	1	20.0
	5	7	1	14.3	0	0.0	1	14.3
	6	0	0	0.0	0	0.0	0	0.0
	7	7	2	28.6	1	14.3	3	42.9
	8	8	2	25.0	0	0.0	2	25.0
	9	4	1	25.0	0	0.0	1	25.0
	10	3	1	33.3	0	0.0	1	33.3
	平均值	4.7	—	19.1	—	2.7	—	21.8

续表

调查年份及样地（年份-样地）	调查样方	毛虫蛹数量/个	被草原毛虫金小蜂寄生的毛虫蛹数量/个	草原毛虫金小蜂寄生率/%	被草毒蛾鬃堤寄蝇寄生的毛虫蛹数量/个	草毒蛾鬃堤寄蝇寄生率/%	被草原毛虫金小蜂和草毒蛾鬃堤寄蝇寄生的毛虫蛹数量/个	总寄生率/%
2018-8#	1	2	1	50.0	0	0.0	1	50.0
	2	11	3	27.3	2	18.2	5	45.5
	3	0	0	0.0	0	0.0	0	0.0
	4	4	1	25.0	0	0.0	1	25.0
	5	3	1	33.3	0	0.0	1	33.3
	6	2	0	0.0	0	0.0	0	0.0
	7	0	0	0.0	0	0.0	0	0.0
	8	7	2	28.6	0	0.0	2	28.6
	9	6	2	33.3	0	0.0	2	33.3
	10	0	0	0.0	0	0.0	0	0.0
	平均值	3.5	—	19.8	—	1.8	—	21.6
2019-1#	1	0	0	0.0	0	0.0	0	0.0
	2	5	1	20.0	0	0.0	1	20.0
	3	3	1	33.3	0	0.0	1	33.3
	4	0	0	0.0	0	0.0	0	0.0
	5	3	1	33.3	0	0.0	1	33.3

续表

调查年份及样地（年份-样地）	调查样方	毛虫蛹数量/个	被草原毛虫金小蜂寄生的毛虫蛹数量/个	草原毛虫金小蜂寄生率/%	被草毒蛾鬃堤寄蝇寄生的毛虫蛹数量/个	草毒蛾鬃堤寄蝇寄生率/%	被草原毛虫金小蜂和草毒蛾鬃堤寄蝇寄生的毛虫蛹数量/个	总寄生率/%
2019-1#	6	6	1	16.7	0	0.0	1	16.7
	7	8	2	25.0	1	12.5	3	37.5
	8	4	1	25.0	0	0.0	1	25.0
	9	0	0	0.0	0	0.0	0	0.0
	10	5	1	20.0	0	0.0	1	20.0
	平均值	—	—	17.3	—	1.3	—	18.6
2019-2#	1	12	3	25.0	1	8.3	4	33.3
	2	0	0	0.0	0	0.0	0	0.0
	3	0	0	0.0	0	0.0	0	0.0
	4	7	2	28.6	1	14.3	3	42.9
	5	4	1	25.0	0	0.0	1	25.0
	6	6	1	16.7	0	0.0	1	16.7
	7	7	3	42.9	0	0.0	3	42.9
	8	4	1	25.0	0	0.0	1	25.0
	9	0	0	0.0	0	0.0	0	0.0
	10	0	0	0.0	0	0.0	0	0.0
	平均值	—	—	16.3	—	2.3	—	18.6

续表

调查年份及样地（年份-样地）	调查样方	毛虫蛹数量/个	被草原毛虫金小蜂寄生的毛虫蛹数量/个	草原毛虫金小蜂寄生率/%	被草毒蛾堤寄蝇寄生的毛虫蛹数量/个	草毒蛾堤寄蝇寄生率/%	被草原毛虫金小蜂和草毒蛾堤寄蝇寄生的毛虫蛹数量/个	总寄生率/%
2019-3#	1	2	1	50.0	0	0.0	1	50.0
	2	2	1	50.0	0	0.0	1	50.0
	3	0	0	0.0	0	0.0	0	0.0
	4	3	1	33.3	0	0.0	1	33.3
	5	6	2	33.3	1	16.7	3	50.0
	6	0	0	0.0	0	0.0	0	0.0
	7	6	2	33.3	0	0.0	2	33.3
	8	0	0	0.0	0	0.0	0	0.0
	9	0	0	0.0	0	0.0	0	0.0
	10	3	1	33.3	0	0.0	1	33.3
	平均值	2.2	—	23.3	—	1.7	—	25.0
2019-4#	1	64	14	21.9	1	1.6	15	23.4
	2	38	4	10.5	0	0.0	4	10.5
	3	14	2	14.3	1	7.1	3	21.4
	4	41	10	24.4	1	2.4	11	26.8
	5	6	1	16.7	0	0.0	1	16.7

续表

调查年份及样方（年份-样地）	调查样方	毛虫蛹数量/个	被草原毛虫金小蜂寄生的毛虫蛹数量/个	草原毛虫金小蜂寄生率/%	被草毒蛾鬃堤寄蝇寄生的毛虫蛹数量/个	草毒蛾鬃堤寄蝇寄生率/%	被草原毛虫金小蜂和草毒蛾鬃堤寄蝇寄生的毛虫蛹数量/个	总寄生率/%
2019-4#	6	12	2	16.7	0	0.0	2	16.7
	7	37	8	21.6	0	0.0	8	21.6
	8	41	6	14.6	1	2.4	7	17.1
	9	34	8	23.5	1	2.9	9	26.5
	10	28	6	21.4	0	0.0	6	21.4
	平均值	—	—	18.6	—	1.7	—	20.2
2019-5#	1	12	2	16.7	1	8.3	3	25.0
	2	8	1	12.5	0	0.0	1	12.5
	3	0	0	0.0	0	0.0	0	0.0
	4	6	1	16.7	1	16.7	2	33.3
	5	6	1	16.7	0	0.0	1	16.7
	6	0	0	0.0	0	0.0	0	0.0
	7	4	1	25.0	0	0.0	1	25.0
	8	5	1	20.0	0	0.0	1	20.0
	9	0	0	0.0	0	0.0	0	0.0
	10	4	1	25.0	0	0.0	1	25.0
	平均值	—	—	13.3	—	2.5	—	15.8

续表

调查年份及样地（年份-样地）	调查样方	毛虫蛹数量/个	被草原毛虫金小蜂寄生的毛虫蛹数量/个	草原毛虫金小蜂寄生率/%	被草毒蛾鬃堤寄蝇寄生的毛虫蛹数量/个	草毒蛾鬃堤寄蝇寄生率/%	被草原毛虫金小蜂和草毒蛾鬃堤寄蝇寄生的毛虫蛹数量/个	总寄生率/%
2019-8#	1	10	2	20.0	1	10.0	3	30.0
	2	4	1	25.0	0	0.0	1	25.0
	3	0	0	0.0	0	0.0	0	0.0
	4	8	1	12.5	1	12.5	2	25.0
	5	9	3	33.3	0	0.0	3	33.3
	6	6	1	16.7	0	0.0	1	16.7
	7	0	0	0.0	0	0.0	0	0.0
	8	3	1	33.3	0	0.0	1	33.3
	9	9	2	22.2	0	0.0	2	22.2
	10	0	0	0.0	0	0.0	0	0.0
	平均值	—	—	16.3	—	2.3	—	18.6

附录Ⅵ 草原毛虫生物防控试验区Ⅰ（A,B 和 C 样地） 草原毛虫种群密度调查数据

调查年份	调查样地	种群密度/(头·m⁻²)					平均值
		样方 1	样方 2	样方 3	样方 4	样方 5	
2016	A-实验区	204	169	91	190	98	150.4
	B-实验区	25	5	18	5	1	10.8
	C-实验区	229	191	220	168	95	180.6
	A-实验区	232	205	102	168	36	148.6
	A-对照区	225	204	188	186	240	208.6
2017	B-实验区	5	7	6	9	10	7.4
	B-对照区	18	2	12	15	6	10.6
	C-实验区	102	202	114	181	184	156.6
	C-对照区	185	116	236	188	217	188.4

续表

调查年份	调查样地	种群密度/(头·m⁻²)					平均值
		样方1	样方2	样方3	样方4	样方5	
2018	A-实验区	186	88	114	102	38	105.6
	A-对照区	158	130	205	280	161	186.8
	B-实验区	2	14	1	5	8	6.0
	B-对照区	8	9	9	11	20	11.4
	C-实验区	160	175	81	123	65	120.8
	C-对照区	234	191	210	220	199	210.8
2019	A-实验区	53	73	18	23	50	43.4
	A-对照区	226	278	164	237	230	227.0
	B-实验区	1	4	7	4	6	4.4
	B-对照区	5	17	2	33	16	14.6
	C-实验区	45	36	5	55	72	42.6
	C-对照区	204	206	208	251	214	216.6

附录Ⅶ 草原毛虫生物防控试验区Ⅱ（D，E 和 F 样地）草原毛虫种群密度调查数据

| 调查年份 | 调查样地 | 种群密度/(头·m^{-2}) | | | | | 平均值 |
		样方 1	样方 2	样方 3	样方 4	样方 5	
2016	D-实验区	102	85	61	104	161	102.6
	D-对照区	152	47	106	68	110	96.6
	E-实验区	96	106	136	137	128	120.6
	E-对照区	16	82	106	130	18	70.4
	F-实验区	98	103	65	120	107	98.6
	F-对照区	86	143	84	64	36	82.6

续表

调查年份	调查样地	种群密度/(头·m^{-2})					平均值
		样方1	样方2	样方3	样方4	样方5	
2017	D-实验区	84	74	52	101	91	80.4
	D-对照区	105	120	64	53	110	90.4
	E-实验区	92	69	52	105	135	90.6
	E-对照区	112	50	51	65	48	65.2
	F-实验区	41	72	84	95	64	71.2
	F-对照区	81	96	102	20	54	70.6
2018	D-实验区	24	48	18	5	6	20.2
	D-对照区	81	116	91	61	88	87.4
	E-实验区	38	17	14	6	19	18.8
	E-对照区	123	53	32	28	62	59.6
	F-实验区	28	11	10	14	20	16.6
	F-对照区	95	80	117	71	53	83.2

附录Ⅷ 草原毛虫生物防控试验区Ⅰ（A，B 和 C 样地）三江源草原毛虫金小蜂寄生率调查数据

调查样地	调查样方	2016 年			2017 年			2018 年			2019 年		
		毛虫蛹数量/个	被三江源草原毛虫金小蜂寄生的毛虫蛹数量/个	三江源草原毛虫金小蜂寄生率/%	毛虫蛹数量/个	被三江源草原毛虫金小蜂寄生的毛虫蛹数量/个	三江源草原毛虫金小蜂寄生率/%	毛虫蛹数量/个	被三江源草原毛虫金小蜂寄生的毛虫蛹数量/个	三江源草原毛虫金小蜂寄生率/%	毛虫蛹数量/个	被三江源草原毛虫金小蜂寄生的毛虫蛹数量/个	三江源草原毛虫金小蜂寄生率/%
A	1	101	16	15.8	124	26	21.0	80	30	37.5	18	6	33.3
	2	60	15	25.0	32	3	9.4	71	18	25.4	20	10	50.0
	3	122	22	18.0	98	25	25.5	56	21	37.5	32	13	40.6
	4	135	45	33.3	106	34	32.1	49	18	36.7	22	12	54.5
	5	105	18	17.1	156	56	35.9	82	28	34.1	14	6	42.9

续表

调查样地	调查样方	2016 年			2017 年			2018 年			2019 年		
		毛虫蛹数量/个	被三江源草原毛虫金小蜂寄生的毛虫蛹数量/个	三江源草原毛虫金小蜂寄生率/%	毛虫蛹数量/个	被三江源草原毛虫金小蜂寄生的毛虫蛹数量/个	三江源草原毛虫金小蜂寄生率/%	毛虫蛹数量/个	被三江源草原毛虫金小蜂寄生的毛虫蛹数量/个	三江源草原毛虫金小蜂寄生率/%	毛虫蛹数量/个	被三江源草原毛虫金小蜂寄生的毛虫蛹数量/个	三江源草原毛虫金小蜂寄生率/%
A	6	146	51	34.9	112	34	30.4	62	23	37.1	6	3	50.0
	7	54	2	3.7	61	10	16.4	33	10	30.3	16	6	37.5
	8	184	56	30.4	144	50	34.7	47	16	34.0	18	7	38.9
	9	99	36	36.4	74	23	31.1	81	28	34.6	30	5	16.7
	10	202	53	26.2	114	25	21.9	75	27	36.0	15	6	40.0
	平均值			24.1			25.8			34.3			40.4
B	1	10	3	30.0	8	1	12.5	6	1	16.7	4	1	25.0
	2	6	2	33.3	2	1	50.0	3	1	33.3	3	1	33.3
	3	11	2	18.2	4	1	25.0	8	2	25.0	3	1	33.3
	4	4	1	25.0	4	1	25.0	4	1	25.0	2	1	50.0
	5	8	3	0.0	3	1	33.3	2	1	50.0	4	2	50.0
	6	0	0	0.0	5	1	20.0	5	2	40.0	3	1	33.3
	7	11	2	18.2	4	1	25.0	8	2	25.0	2	1	50.0
	8	5	1	20.0	3	1	33.3	10	3	30.0	3	1	33.3

续表

调查样地	调查样方	2016年			2017年			2018年			2019年		
		毛虫蛹数量/个	被三江源草原毛虫金小蜂寄生的毛虫蛹数量/个	三江源草原毛虫金小蜂寄生率/%	毛虫蛹数量/个	被三江源草原毛虫金小蜂寄生的毛虫蛹数量/个	三江源草原毛虫金小蜂寄生率/%	毛虫蛹数量/个	被三江源草原毛虫金小蜂寄生的毛虫蛹数量/个	三江源草原毛虫金小蜂寄生率/%	毛虫蛹数量/个	被三江源草原毛虫金小蜂寄生的毛虫蛹数量/个	三江源草原毛虫金小蜂寄生率/%
B	9	6	1	16.7	0	0	0.0	5	1	20.0	0	0	0.0
	10	4	2	50.0	0	0	0.0	0	0	0.0	0	0	0.0
	平均值			21.1			22.4			26.5			30.8
C	1	104	22	21.2	19	3	15.8	90	33	36.7	26	9	34.6
	2	152	24	15.8	186	49	26.3	106	34	32.1	18	6	33.3
	3	83	26	31.3	92	25	27.2	68	21	30.9	20	11	55.0
	4	54	11	20.4	206	69	33.5	86	32	37.2	14	5	35.7
	5	95	30	31.6	62	12	19.4	85	30	35.3	33	12	36.4
	6	210	49	23.3	119	42	35.3	78	23	29.5	25	12	48.0
	7	184	64	34.8	45	6	13.3	41	8	19.5	22	11	50.0
	8	82	18	22.0	186	42	22.6	102	35	34.3	29	14	48.3
	9	202	56	27.7	96	36	37.5	63	25	39.7	21	9	42.9
	10	170	25	14.7	195	69	35.4	78	32	41.0	30	9	30.0
	平均值			24.3			26.6			33.6			41.4

附录 IX 被三江源草原毛虫金小蜂寄生与未寄生的草原毛虫雄性蛹免疫相关差异表达基因统计表

Gene style	Gene ID	Fold†	Difference	P-value	Function annotation
peptidoglycan recognition protein	CL3388. Contig1_All	-9.733	Down	2.73E-79	peptidoglycan recognition protein B
	CL3388. Contig3_All	-7.81	Down	6.71E-41	peptidoglycan recognition protein B
	CL3388. Contig2_All	-6.34	Down	9.56E-33	peptidoglycan recognition protein B
	CL3258. Contig2_All	-4.29	Down	1.08E-29	peptidoglycan recognition protein D
	CL3258. Contig1_All	-1.26	Down	3.80E-05	peptidoglycan recognition protein D
	Unigene43250_All	-3.30	Down	2.47E-04	peptidoglycan recognition protein D
	CL3258. Contig3_All	-4.12	Down	2.51E-03	peptidoglycan recognition protein D

续表

Gene style	Gene ID	Fold[+]	Difference	P-value	Function annotation
Beta-1,3-glucan-binding protein	CL6683.Contig1_All	-1.81	Down	1.24E-72	Beta-1,3-glucan-binding protein
	CL6683.Contig2_All	-9.86	Down	5.81E-85	Beta-1,3-glucan-binding protein
C-type lectin	CL7003.Contig3_All	-2.17	Down	2.16E-22	C-type lectin 7
	CL1434.Contig1_All	-2.43	Down	1.21E-20	C-type lectin 7
	CL1434.Contig2_All	-1.21	Down	3.01E-13	C-type lectin 7
	CL1434.Contig4_All	-10.09	Down	7.81E-96	C-type lectin 7
	CL1434.Contig3_All	-2.54	Down	2.13E-45	C-type lectin 7
Down syndrome cell adhesion molecule	CL740.Contig4_All	-1.82	Down	5.63E-14	PREDICTED:Down syndrome cell adhesion molecule-like protein Dscam2
	Unigene20589_All	-4.86	Down	5.69E-07	PREDICTED:Down syndrome cell adhesion molecule-like protein Dscam2
	Unigene20616_All	-1.98	Down	7.17E-07	PREDICTED:Down syndrome cell adhesion molecule-like protein Dscam2
	CL740.Contig2_All	-4.66	Down	1.74E-04	PREDICTED:Down syndrome cell adhesion molecule-like protein Dscam2

续表

Gene style	Gene ID	Fold[†]	Difference	P-value	Function annotation
	Unigene25868_All	-3.99	Down	4.34E-03	PREDICTED:Down syndrome cell adhesion molecule-like protein Dscam2
Antimicrobial peptides	Unigene5759_All	-5.21	Down	8.83E-271	attacin B
	CL14115.Contig1_All	-3.45	Down	7.17E-115	attacin B
	Unigene26372_All	-2.77	Down	3.53E-100	cecropin A
	CL3675.Contig1_All	-1.12	Down	4.95E-27	cecropin-A2
	CL1037.Contig2_All	-2.05	Down	6.08E-50	lysozyme 1B
	CL2613.Contig1_All	-4.17	Down	4.41E-11	lysozyme
	CL2613.Contig3_All	-5.87	Down	5.56E-09	lysozyme-like protein 1
	CL2613.Contig2_All	-4.51	Down	2.95E-04	lysozyme-like protein 1
	CL593.Contig5_All	-8.10	Down	0	lebocin 1
	CL3590.Contig1_All	-3.12	Down	0	lebocin 1
	CL593.Contig37_All	-2.91	Down	0	lebocin 1
	CL71.Contig6_All	-3.55	Down	5.41E-194	gloverin precursor
	Unigene3331_All	2.06	Up	7.09E-09	gallerimycin

续表

Gene sty.e	Gene ID	Fold[†]	Difference	P-value	Function annotation
Serine protease	CL10191.Contig2_All	-6.85	Down	0	serine protease like protein
	CL11235.Contig1_All	-2.23	Down	1.07E-198	PREDICTED:serine protease HTRA2
Serpin	CL560.Contig15_All	2.16	Up	3.22E-124	Serine protease inhibitor 3/4
	CL12781.Contig2_All	3.26	Up	3.88E-88	Serine protease inhibitor 28
Prophenoloxidase	Unigene23414_All	-3.29	Down	0	prophenoloxidase activating enzyme
	Unigene5163_All	-4.14	Down	1.05E-07	prophenoloxidase 1
	Unigene18031_All	-1.31	Down	2.03E-03	prophenoloxidase
Integrin	CL1727.Contig2_All	-1.74	Down	1.13E-279	integrin beta 1 precursor
	CL10226.Contig3_All	-10.22	Down	1.23E-102	integrin beta 1
	CL1727.Contig1_All	-1.04	Down	1.52E-77	integrin beta 1 precursor
Tetraspanin	Unigene10693_All	-4.88	Down	0	Tetraspanin
	CL4233.Contig1_All	-2.18	Down	0	tetraspanin D107
	CL2317.Contig40_All	-4.17	Down	7.90E-204	tetraspanin D
	CL9729.Contig1_All	-2.39	Down	7.57E-98	tetraspanin E
Talin	CL737.Contig3_All	3.91	Up	0	PREDICTED:talin-1 isoform X4

续表

Gene style	Gene ID	Fold[†]	Difference	P-value	Function annotation
Rho GTPase	CL737.Contig5_All	3.62	Up	0	PREDICTED:talin-1 isoform X4
	CL737.Contig4_All	1.75	Up	0	PREDICTED:talin-1 isoform X2
	CL4597.Contig6_All	-2.00	Down	8.27E-17	SLIT-ROBO Rho GTPase-activating protein 1
	CL5567.Contig2_All	-1.53	Down	1.79E-06	Guanine nucleotide exchange factor MSS4-like
	CL250.Contig15_All	-4.83	Down	6.15E-05	secretion-regulating guanine nucleotide exchange factor isoform X1
	CL701.Contig2_All	-2.64	Down	1.39E-03	Guanine nucleotide exchange factor GEF64C
protein toll-like	Unigene15392_All	-1.84	Down	5.02E-05	putative Protein toll
	Unigene10119_All	-3.81	Down	7.23E-88	PREDICTED:protein toll-like
IMD-like protein	CL5642.Contig4_All	-3.75	Down	1.82E-10	IMD-like protein
	CL5642.Contig1_All	-2.91	Down	1.93E-05	IMD-like protein

[†] Fold change was calculated as $\log_2$ P/NP. P:parasitized. NP:nonparasitized.